硅中部分位错演化的分子模拟

王超营　武国勋　李晨亮　周跃发　著

HEUP 哈爾濱工程大學出版社

内容简介

硅是当代电子工业中应用最多的半导体材料之一。随着微电子技术的应用,纳米材料器件得到大力发展。硅及硅基纳米器件制备和使用过程中,失配应变所产生的位错不但关系到的材料的微纳米力学性能,还影响器件的光、电、磁、热等性能,是影响纳米器件服役性能和解释其失效机理的重要方面。本书以硅锗异质结构外延生长过程中产生的部分位错为研究背景,采用分子模拟方法研究硅中部分位错的运动特性以及与其他缺陷的相互作用。

本书主要用于利用分子模拟方法对硅中位错及缺陷进行研究的同行之间的交流,也可做为分子模拟方法入门的参考资料。

图书在版编目(CIP)数据

硅中部分位错演化的分子模拟/王超营等著.
—哈尔滨:哈尔滨工程大学出版社,2014.11
ISBN 978-7-5661-0939-2

Ⅰ.①硅… Ⅱ.①王… Ⅲ.①计算机模拟-应用-化合物半导体 Ⅳ.①TN304.2

中国版本图书馆 CIP 数据核字(2014)第 271969 号

出版发行 哈尔滨工程大学出版社
社　　址 哈尔滨市南岗区东大直街 124 号
邮政编码 150001
发行电话 0451-82519328
传　　真 0451-82519699
经　　销 新华书店
印　　刷 哈尔滨市石桥印务有限公司
开　　本 787mm×1 092mm 1/16
印　　张 6
字　　数 150 千字
版　　次 2014 年 11 月第 1 版
印　　次 2014 年 11 月第 1 次印刷
定　　价 17.00 元
http://www.hrbeupress.com
E-mail:heupress@hrbeu.edu.cn

序　言

硅是当代电子工业中应用最多的半导体材料之一。随着微电子技术及人工能带剪裁技术的发展，纳米材料和器件得到大力发展。在硅及硅基纳米器件制备和使用过程中，失配应变所产生的位错不仅关系到材料的微纳米力学性能，还影响器件的光、电、磁、热等性能，是决定纳米器件服役性能和解释其失效机理的重要因素。本书以硅锗异质结构外延生长过程中产生的部分位错为研究背景，介绍有关其运动特性以及与其他缺陷相互作用的研究方法和结果。由于位错属于纳米尺度的一维缺陷，传统的实验方法受到很大限制；而基于连续介质模型的理论研究方法，在位错芯部分并不适用。所以本书借助基于原子尺度的分子模拟方法进行研究。

在有关硅中部分位错的研究中，已有大量文献发表。但是由于科技文献篇幅限制，很多问题无法系统、详细地陈述。笔者深感在该研究领域，缺少一本从背景、方法到应用的中文书籍。因此，本组在孟庆元教授的引导下开始涉及该方向的研究，先后经历多届研究生的贡献，积累了大量实用的研究方法，并形成了多种分子模拟方法相结合研究位错动态演化的独特研究方法，其相关内容及方法都在本书中作了详细介绍。

本书编著者有王超营（序言，第3，4，5，7章及参考文献），武国勋（第6章），李晨亮（第2章），周跃发（第1章）。孟庆元教授对全书进行了审稿。王超营和武国勋最后对全书做了统稿处理。本书研究内容主要是在国家自然科学基金（编号：11102046）和黑龙江省自然科学基金（编号：A201403）的资助下完成的。另外，对该书出版做出贡献的还有杨立军、李成祥、李根、钟康游、荆宇航、赵伟和高宇飞等，这里一并表示感谢。另外，本书在撰写过程中，参考或引用了国内外一些专家学者的论著，在此表示感谢。

由于作者水平有限，并且本书内容属于多学科交叉内容，相关概念及表述肯定有不足之处，敬请前辈和同行不吝赐教，以便于我们在今后的工作中不断改进。

王超营

2014年5月

目　　录

第1章 绪　　论

1.1 硅中位错的研究背景、目的和意义

半导体材料自诞生开始，就与电子工业产生了紧密的联系[1]，它们相互依存，相互促进发展。自20世纪60年代以硅为代表的半导体硅材料被广泛应用于各类电子器件以来，其用量平均以每年12%～16%的速度增长[2]。特别是硅(Si)材料，它具有光电效应、热电效应、霍尔效应、电阻率随温度的增加而递减以及整流效应等特性。此外，Si具有资源丰富、工艺成熟以及用途广泛等综合优势，因而是当代电子工业中应用最多的半导体材料。目前，虽然各种新型的半导体材料不断出现，但是大规模集成电路(LSI)、超大规模集成电路(VLSI)和甚大规模集成电路(ULSI)中90%以上都是以Si为主要半导体材料的[2]。随着电子工业的发展，对半导体材料的质量和数量提出了更高的要求。其中，在大规模集成电路和甚大规模集成电路中，距硅片表面10 μm左右厚度区域材料为器件活性区，要求该区域性质均匀且无缺陷。而集成电路本身的发展仍然遵循着"Moore定律"，即每三年器件尺寸缩小1/3，芯片面积增加1.5倍，芯片中晶体管数目增加4倍(当然，由于一些基本的热力学、统计起伏等物理方面的限制，"Moore定律"不可能无限制的适用[3])。这些都迫切要求半导材料工业快速发展。

Si是Ⅳ族具有代表性的元素，属于间接带隙半导体材料，带隙宽度一定，这在一定程度上限制了它应用的进一步发展。随着人们研究的深入和"能带工程""材料工程"的发展，$Si_{1-x}Ge_x$/Si异质结构应运而生[4]。2001年6月，美国IBM公司又宣布取得了另外一项技术突破，即使用应变硅的技术将芯片速度提高约35%。这项技术是在Si基体上外延生长$Si_{1-x}Ge_x$薄膜，由于Si和Ge之间晶格常数相差4.2%，可得到与基体Si具有相同结构但是不同晶格常数的异质结构。利用$Si_{1-x}Ge_x$薄膜而制备出的$Si_{1-x}Ge_x$/Si异质结构相对于传统的Si衬底被称为"虚衬底"[1]，在虚衬底上继续外延生长出的Si由于晶格失配而处于应力状态，称为"张力硅"层[5]。在"张力硅"层中，由于应力的存在，它的能带特性发生了改变，并且电子遇到的电阻减小，流速增加，这样即使Si晶体管体积没有减小，也可使芯片的运算速度增加约35%[6]。此外，调节$Si_{1-x}Ge_x$/Si中x的值，就可以通过控制应变对Si的能带结构进行人们所期望的、可控的剪裁，即所谓的人工能带剪裁技术。因此，$Si_{1-x}Ge_x$/Si异质结构的产生，为我们剪裁能带、调整电学和光学性质、制造新功能器件等提供了有力的工具。

$Si_{1-x}Ge_x$/Si异质结构所提供的应变虽然能有益地改变Si基半导体的性能，但是应变的积累有可能导致界面处形成失配位错阵列，释放应变层的弹性应变。当材料的平面结构、应变和界面取向一定时，有一依赖于应变的临界厚度h_c[7]。当薄膜的厚度大于h_c时，会在界面处形成失配位错阵列。大部分失配位错在失配应力作用下会发生运动和繁殖，进入异质结构薄膜中形成穿透位错[8]。器件中的穿透位错不仅会引起器件的塑性变形等物理特性的改变，还会局域性地改变半导体的能带性质，产生阻碍载流子的运动，导致器件性能下降并且影响器件的光电特性[9]。另外，薄膜一般利用分子束外延方法、超高真空化学或者

物理气相沉积等方法得到，生长速度很慢。当 $Si_{1-x}Ge_x$ 薄膜较厚时，需要很长的生长时间，单位时间产量低。当外延层小于 h_c 时，虽然不会引起失配位错阵列，但是失配应力无法释放，层内应力很大。这样不但会影响在异质结构之上生长的 Si 的质量，在后期高温环境的工艺处理中（如离子注入等），会导致应力的进一步释放而产生大量的位错使得器件的废品率增高。因此，通过研究 $Si_{1-x}Ge_x$/Si 异质结构中失配位错的微观结构、运动特性、相互作用等方面，从微观机理上来解释失配应力的释放原理，以期获得应变尽可能完全释放、穿透位错密度尽可能低、表面尽可能光滑、厚度尽可能薄的 $Si_{1-x}Ge_x$/Si 异质结构，具有非常重要的学术价值和长远的应用前景。

理论方法、实验和分子模拟是研究 Si 中失配位错比较常用的方法。其中，理论方法是建立在金属位错理论基础之上的，即在位错芯之外采用位错的连续介质模型，把晶体作为各向同性的弹性体来处理，直接利用虎克定律和连续函数进行计算。但是对于位错芯部分，连续介质模型并不适用。因此，理论解析方法无法用来研究失配位错的微观结构。实验方法一般都是通过外延生长或者化学气相沉积技术制备出满足实验要求的异质结构，经过处理后利用实验设备进行观察，然后分析结果并提出理论解释。这种方法虽然直观并且真实，但是考虑到仪器对于位错密度的灵敏度是有限的[10]、位错成核比较缓慢和弛豫动力学等因素，实验与理论之间存在明显的差别[11]。同时，实验只能给出静态的观察结果，并且受实验条件、实验设备的限制。因此，实验方法在研究失配位错的微观结构和运动过程中具有很大的局限性。分子模拟又称计算机实验，是利用计算机以原子水平的模型来模拟分子的结构与行为，进而模拟分子体系的各种物理和化学性质。虽然它也有计算规模和精度受限、计算结果受计算机和算法影响较大等缺点，但是它更具有实验环境参数容易改变、结果记录方便、实验观察细致入微、实验现象可逆、节约实验成本、既可以模拟分子的静态结构也可以模拟分子的动态行为等优点。因此，在研究失配位错的微观结构和运动特性中，分子模拟是最适合的方法。

1.2　硅锗异质结构简介

Si 和 Ge 都具有图 1－1 所示的金刚石型晶体结构，空间点群是 $Fd3m$，它们的立方元胞包含 8 个原子。在金刚石结构中，每个原子有 4 个近邻原子和 12 个次近邻原子。4 个最近邻原子分别位于四面体的 4 个顶点，并与该原子形成 4 个共价键。由于 Si 和 Ge 是同一主族元素，所以可以形成无限固溶体 $Si_{1-x}Ge_x$ 合金，组分 x 可以在 0～1 之间任意取值。自 1985 年起，分子束外延等先进外延生长技术的发展使得在 Si 衬底上生长高质量的应变的 SiGe 薄膜层成为可能，使 $Si_{1-x}Ge_x$/Si 异质结构成为了研究最多、最深入的一类半导体材料。

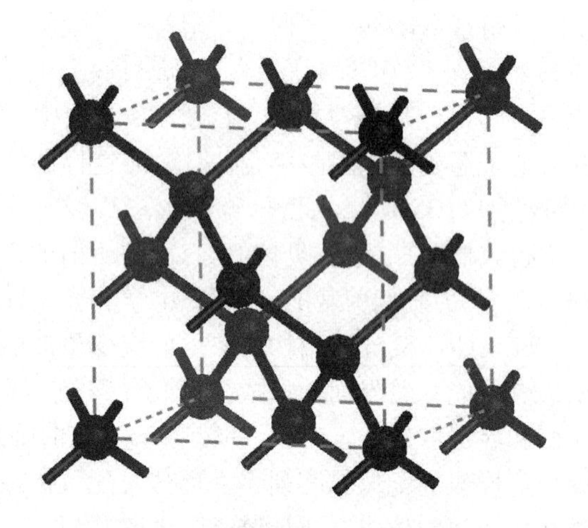

图 1－1　金刚石晶体结构示意图

1.2.1 失配位错的产生

由于 Si 的晶格常数为 5.43 Å,Ge 的晶格常数为 5.66 Å,所以在 Si 基体上生长 SiGe 薄膜时 Si 基体和薄膜之间由于晶格失配而存在着失配应变。这种应变导致 $Si_{1-x}Ge_x$/Si 界面处形成失配位错,从而释放了应变层的弹性应变。当材料的平面结构、应变和界面取向一定时,存在将失配位错引入到晶格失配界面时的最小厚度 h_c,称为临界厚度。当外延 SiGe 薄膜厚度大于 h_c时,就会形成失配位错。Frank 和 Van der Merwe[12]采用一维傅立叶多项式来表示外延层和衬底层原子之间的相互作用,证实了临界层厚度这个概念。针对临界厚度的计算,人们提出过很多模型,其中最简单常用也是最著名的为 Matthews-Blakeslee (MB)[13]模型。

在 Si,Ge 和 $Si_{1-x}Ge_x$等金刚石晶体结构中,位错主要在{111}面内传播[14]。所以失配位错主要平躺在界面附近的{111}面内,如图 1-2 所示。位错不能终止于晶体的内部,而必定为下述情形之一:在晶体内部某一平面内构成一个封闭的位错环;同另一缺陷形成一节点;终止于晶体表面。在外延层中最常见的为第三种情况。在这种情况下,每条失配位错都与两条螺位错相连接,构成半位错环结构,这两条螺位错指向 $Si_{1-x}Ge_x$ 层并终止在表面。根据 MB 模型,外延层和 Si 衬底之间的晶格失配会对螺位错臂 AB 施加一剪应力 F_σ。该剪应力驱动 AB 运动,使得失配位错的位错线被拉长,从而释放了外延层中的应变能量。整个过程如图 1-2 所示。

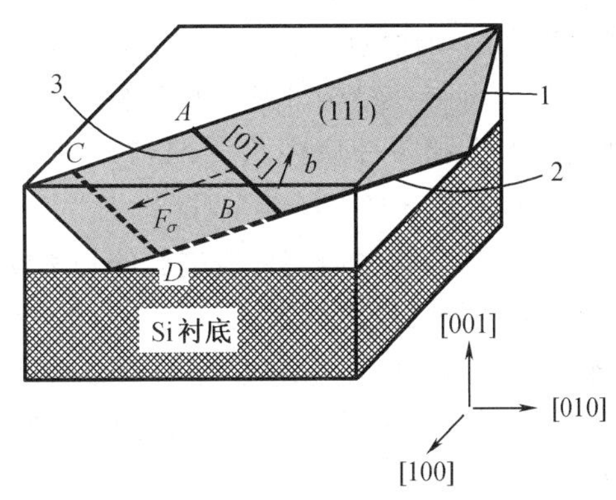

图 1-2 $Si_{1-x}Ge_x$/Si 中失配位错和穿透位错产生示意图

F_σ可以由各向同性的线弹性理论得到,公式如下

$$F_\sigma = 2Gbh\varepsilon\cos\lambda\frac{(1+v)}{(1-v)} \tag{1-1}$$

式中 G—— 外延层的切变模量;

b—— 失配位错 Burgers 矢量的模;

h—— 外延层的厚度;

ε—— 外延层与衬底层之间的晶格失配应变;

λ—— 失配位错 Burgers 矢量与界面内垂直于位错方向的直线之间的夹角;

v—— 泊松比。

由于位错线长度的增加,使位错自身能量增加,并且引起再生的线张力。利用位错理论可以将线张力 F_T算出

$$F_T = Gb^2\frac{(1-v\cos^2\theta)}{4\pi(1-v)}\ln\frac{ah}{b} \tag{1-2}$$

式中 θ—— 失配位错 Burgers 矢量与位错线之间的夹角;

a—— 线弹性理论不能使用时描述位错芯能量的参数。

从图 1-2 可以看出,生长过程中的 $F_\sigma = F_T$,螺旋臂开始运动,失配位错开始产生,此时

的 h 所对应的值就是理想临界层厚度。具体公式为

$$h_c = \frac{b(1 - v\cos^2\theta)}{8\pi\varepsilon(1 + v)\cos\lambda}\left(\ln\frac{ah_c}{b}\right) \tag{1-3}$$

在最初的研究中，Bean[15]等人测得在低温下生长（550 ℃下分子束外延生长）的 Ge_xSi_{1-x} 的 h_c 比 MB 理论预测的要大，特别是在 Ge 浓度较低的时候更是如此。但是，如果考虑实验对位错密度的灵敏度是有限的[10]、位错缓慢的成核和弛豫动力学等因素，就可以解释理论与实验之间的差别了。其后，Houghton[16]、Green[17]等对经过高温退火后的 Ge_xSi_{1-x}/Si 进行了研究，所获得的 h_c 值和理论值精确对应。

Abstreiter[18]等人虽然早在 1985 年就利用弛豫过的异质结构将电子限制在了一层 Si 中，使得导带在应变作用下发生了偏移，但是因为整个结构的穿透位错密度过高，他们没能够获得更高运动速度的电子或者说孤立的电子流。因此，为了降低穿透位错的密度，人们在 $Si_{1-x}Ge_x/Si$ 异质结构外延生长过程中对弛豫过程进行了控制。常用的外延生长方法包括渐进层生长和缓冲层生长等两种方法。其中渐进层生长法可以得到位错密度很低的 Si_xGe_{1-x} 膜，但是这种方法非常耗时，生产出来的 Si_xGe_{1-x} 膜很厚。低温 Si 缓冲层生长法是 1996 年由我国的陈弘研究员所提出的一种新的 Si_xGe_{1-x} 生长技术[19]。这种方法是在 Si 基体和 Si_xGe_{1-x} 外延层之间加入低温 Si（LT－Si）层作为缓冲层，将位错限制在了缓冲层中，从而降低了外延层中的位错密度。目前，这种低温 Si 缓冲层方法已经非常成熟。利用此方法在 Si(100)衬底之上已经得到了穿透位错密度低于 $10^5/cm^2$ 的 500 nm 厚的 $Si_{0.7}Ge_{0.3}$ 外延层薄膜[20]。

1.2.2 异质结构中失配位错的主要形式

具有金刚石结构的晶体在[111]方向上有两个不同的(111)面，如图 1－3 所示[21]。其中上下两层原子间距较大的为拖动型面（Shuffle-set Plane），间距较小的面为滑动型面（Glide-set Plane）。当位错位于不同的滑移面上时称为拖动型（Shuffle）位错或者滑动型（Glide-set）位错。在 Si，Ge 或者 Si_xGe_{1-x} 中，常规位错的 Burgers 矢量为 $\boldsymbol{b} = a/2<110>$。该矢量是最小的晶格平移矢量，即位错通过它传递时不会遗留任何层错。Si_xGe_{1-x}/Si 结构中，{111}面上的滑移运动会使失配位错的 Burgers 矢量和位错线的方向之间产生一定的角度。对于 $a/2<110>$ 位错，该角度为 60 度，称为 60 度位错。它也是 Si_xGe_{1-x}/Si 结构中释放失配应变的主要位错形式[22]。理论上，60 度位错和螺位错既可以在拖动面上产生，也可以在滑动面上产生。一般认为，在低温下失配位错主要在拖动面上，高温情况下失配位错主要在滑动面内[23,24]。由于 Si_xGe_{1-x}/Si 结构在生长过程中不可避免地要经过高温环境，所以人们所研究的失配位错主要是滑动型的位错。在本书以后部分所指的位错如果没有特殊说明都是指滑动型位错。

滑动面内的全位错（60 度位错和螺位错）在能量上是不稳定的，根据 Burgers 矢量间的反应，它将分解为部分位错（Shockley 位错）

$$a/2\langle 110\rangle = a/6\langle 211\rangle + a/2\langle 11\bar{2}\rangle \tag{1-4}$$

对于螺位错和 60 度位错来说，会发生如下分解[25,26]

$$1/2\langle 01\bar{1}\rangle \text{screw} \rightarrow 30^\circ + \text{ISF} + 30^\circ \tag{1-5}$$

$$60^\circ \text{dislocation} \rightarrow 30^\circ + \text{ISF} + 90^\circ \tag{1-6}$$

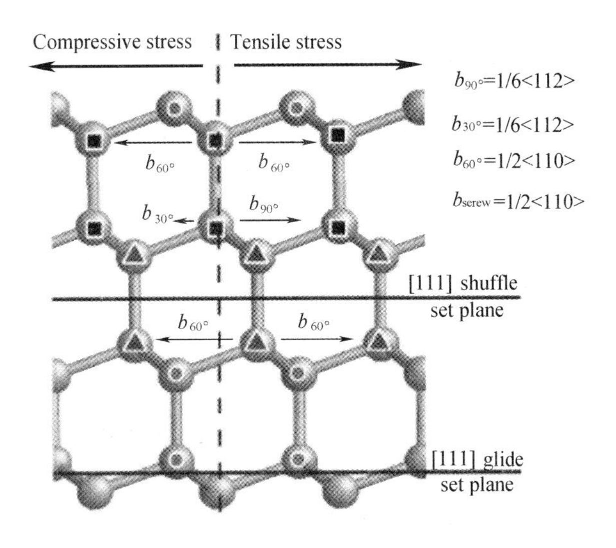

图1-3 金刚石结构在沿[0$\overline{11}$]方向的投影及位错的 Burgers 矢量

其中ISF表示部分位错之间的堆垛层错。对于60度位错,Batson[27]利用实验方法得到了它分解为30度部分位错和90度部分位错后的环形暗场图像,如图1-4所示。分解所产生的30度部分位错和90度部分位错在应力场的相互作用下彼此排斥,并在他们公共的滑移面上反向滑移开来。这个过程在{111}面上形成了30度部分位错和90度部分位错中间以堆垛层错相连接的稳定结构[28]。Blumenau等人[29]利用基于密度泛函的紧束缚势模拟了60度位错的分解过程,并且得出了位错的分解势垒(0.18 eV/Å)。Koizumi等人[30]利用经验势函数研究了螺位错的分解过程,发现螺位错会分解为两个30度部分位错夹杂堆垛层错的结构。并且,由于生成的30度部分位错的位错芯发生了重构,所以分解后的能量比分解前的螺位错能量要低。

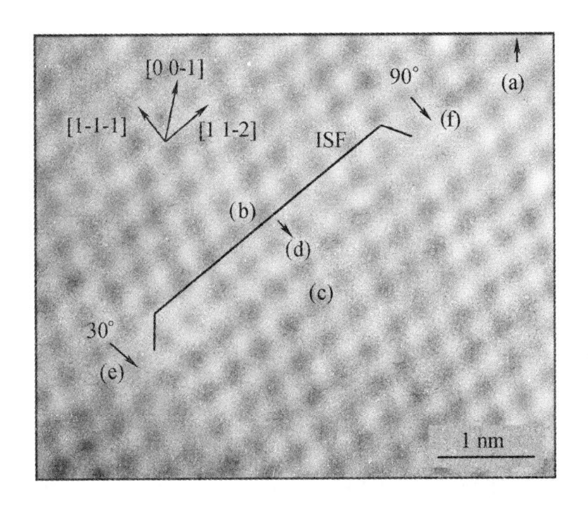

图1-4 Si_xGe_{1-x}/Si界面上60度失配位错分解为30度/ISF/90度结构图

由以上分析可以得出，Si_xGe_{1-x}/Si 异质结构中失配位错的形式主要为螺位错、60 度位错、30 度部分位错和 90 度部分位错[31]。其中螺位错[32]和 60 度位错[33, 34]已经被广泛研究过了。此外，螺位错和 60 度位错经过分解以后，失配位错的主要组成部分变为 30 度部分位错和 90 度部分位错。所以本书选择 30 度部分位错和 90 度部分位错作为两个重点对象进行研究。

1.3 失配部分位错的微观结构

1.3.1 位错基本理论

1934 年，Toylor、Polanyi 和 Orowan 几乎同时将位错的概念引入晶体，用以同晶体的不均匀滑移变形相联系。人们常用 Burgers 矢量（$\boldsymbol{b}$）来描述位错，并且用 Burgers 回路来确定 $\boldsymbol{b}$。它的定义方式为绕位错线作一右旋闭合环路 L，沿此路线对位移 $\boldsymbol{u}$ 线积分所得的值应为 $\boldsymbol{b}$

$$\boldsymbol{b} = \int_L \mathrm{d}\boldsymbol{u} = \int_L \mathrm{d}l \cdot \nabla \boldsymbol{u} \tag{1-7}$$

根据式（1-7），可以通过绕位错线作闭合回路然后在完整晶体作同一回路来对比的办法来获得 $\boldsymbol{b}$，这种方法是由 Burgers 提出的，所以上面所说的回路称为 Burgers 回路，所定义出来的位错的平移矢量 $\boldsymbol{b}$ 称为 Burgers 矢量。

位错的形式比较复杂，但是所有的位错都可以看作是位错的基本成分刃型位错和螺型位错按不同比例的复合。对于刃型位错，柏氏矢量与位错垂直，即 $\xi \cdot =0$。对于螺型位错，Burgers 矢量与位错平行。当 $\xi \cdot \boldsymbol{b} = b$ 时表示右螺位错，$\xi \boldsymbol{b} = -b$ 时表示左螺位错。位错线与 Burgers 矢量既不垂直又不平行时，称混合位错。混合位错可以看成是由刃型位错和螺型位错相结合而成，金刚石结构晶体中的失配位错就是典型的混合位错。如图 1-5 所示一根 Burgers 矢量为 $\boldsymbol{b}$ 的混合位错，它是由 Burgers 矢量为 $\boldsymbol{b}_e$ 的刃位错和柏氏矢量为 $\boldsymbol{b}_s$ 的螺位错结合而成。$\boldsymbol{b}$ 与 $\boldsymbol{b}_e$ 及 $\boldsymbol{b}_s$ 间有如下关系

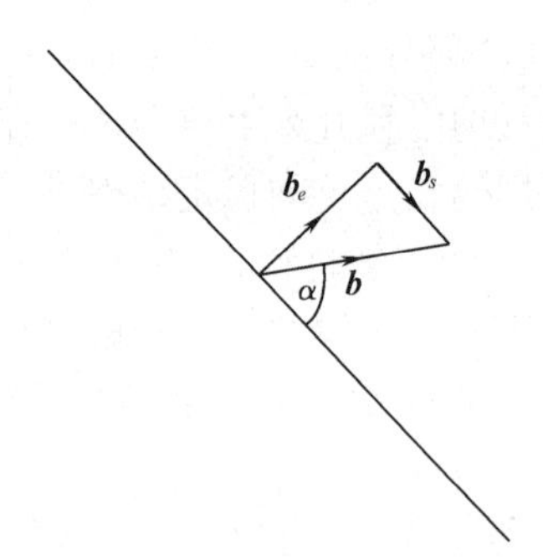

图 1-5　混合位错线的柏氏矢量分解为刃型 $\boldsymbol{b}_e$ 和螺型 $\boldsymbol{b}_s$ 分量图

$$\begin{cases} \boldsymbol{b} = \boldsymbol{b}_e + \boldsymbol{b}_s \\ \boldsymbol{b}_e = [(\boldsymbol{b} \times \xi) \cdot \boldsymbol{\beta}](\xi \times \boldsymbol{\beta}) \\ \boldsymbol{b}_s = (\boldsymbol{b} \cdot \xi)\xi \end{cases} \tag{1-8}$$

式中，$\boldsymbol{\beta}$ 是滑移面的法线单位矢量，$\boldsymbol{\beta} = \dfrac{\boldsymbol{b} \times \xi}{|\boldsymbol{b} \times \xi|}$。

在了解了位错的基本定义后，下面对位错中两种最基本的形式刃型位错和螺型位错做以简单介绍。图 1-6（a）和图 1-6（b）所示分别为刃型位错和螺型位错的弹性场模型示意图。

位错的存在使晶体中的原子位置偏离了原来的位置，产生了点阵畸变。在图 1-6（a）所示的刃型位错中，晶体在剪切应力 $\boldsymbol{F}$ 的作用下发生局部滑移。晶体中已滑移区和未滑移

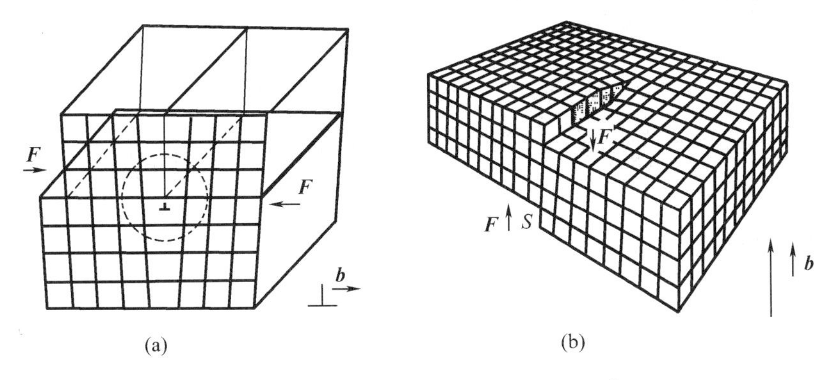

图1－6　刃型位错和螺型位错的模型示意图

(a)刃型位错;(b)螺型位错

区的交界就是位错线。位错在晶体中引起的畸变在位错线处最大,离位错线越远,晶格畸变越小。

在螺位错中,原子的位置都按螺旋线的方向产生了扭动。位错使晶体内原本处于平衡位置的原子偏离了原来的平衡位置,在晶体中产生了应力。如图1－6(b)中所示,晶体在剪切应力 $\boldsymbol{F}$ 的作用下发生局部滑移一个原子间距。已滑移区和未滑移区的交线为位错线。螺位错和滑移方向平行,沿位错线原子面呈螺旋形,每绕轴一周,原子面上升一个原子间距。

可以认为,位错是晶体中的一种内应力源。位错所引起的内应力从中心向四周逐渐减小,中心处的畸变最大,内应力也最大。这种内应力就构成了位错的应力场。进行理论分析时,一般采用位错的连续介质模型,把晶体作为各向同性的弹性体来处理,直接利用虎克定律和连续函数进行计算。图1－7和图1－8所示分别为刃型位错和螺型位错的弹性场模型。为了从理论上分析位错的应力场、能量、位错的线张力、位错间的作用力以及位错与其他晶体缺陷之间的相互作用等特性,Hirth和Lothe[14]给出了刃型位错和螺型位错的弹性场位移公式。

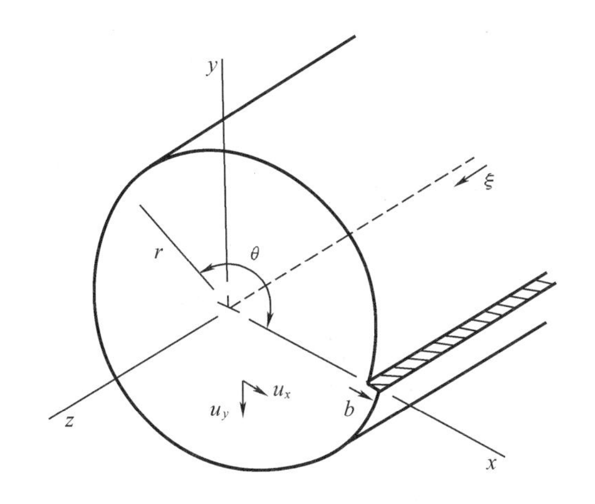

图1－7　刃型位错的弹性场模型图

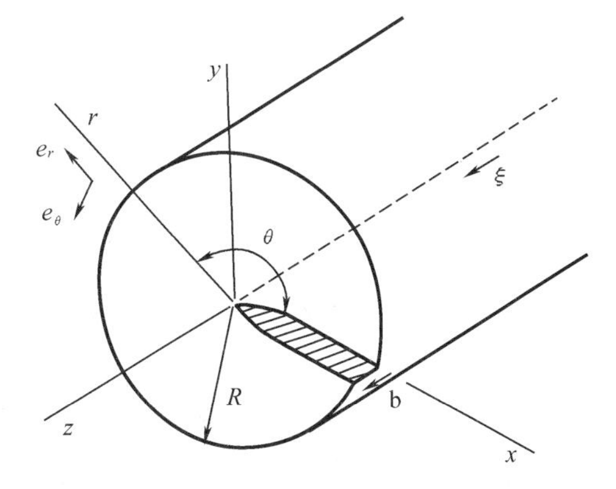

图1－8　螺型位错的弹性场模型图

其中刃型位错的位移场为

$$u_x = \frac{b}{2\pi}\left[\tan^{-1}\frac{y}{x} + \frac{xy}{2(1-v)(x^2+y^2)}\right] \tag{1-9}$$

$$u_y = -\frac{b}{2\pi}\left[\frac{1-2v}{4(1-v)}\ln(x^2+y^2) + \frac{x^2+y^2}{4(1-v)(x^2+y^2)}\right] \tag{1-10}$$

$$u_z = 0 \tag{1-11}$$

螺型位错的位移场为

$$u_x = u_y = 0 \tag{1-12}$$

$$u_z = \frac{b}{2\pi}\tan^{-1}\frac{y}{x} \tag{1-13}$$

其中 u_x,u_y,u_z分别为 x,y,z 方向的位移。

1.3.2 30 度部分位错的微观结构

由于60 度位错和螺位错的分解,30 度部分位错成为了最重要的失配位错形式之一。图 1 -9 所示为 Bulatov[35] 得到的 30 度部分位错投影到{111}面的微观结构。

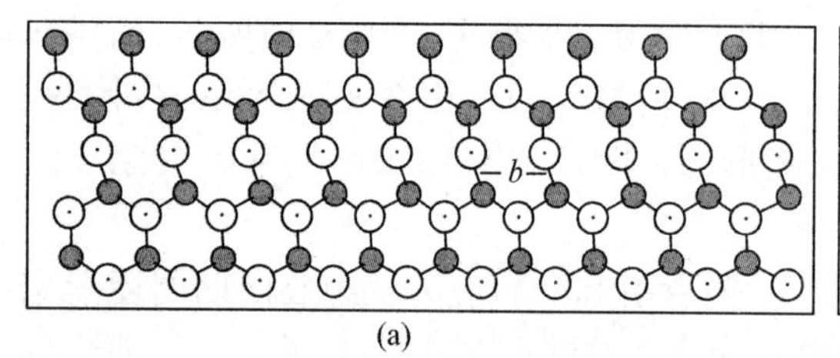

(a)

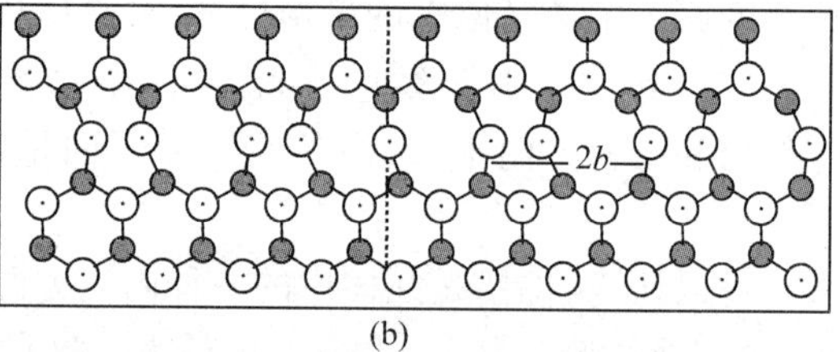

(b)

图 1 -9 30 度部分位错在(111)面内的投影图

(a)未重构的位错芯;(b)重构后的位错芯,其中中间的未重构的原子为 RD

图 1 -9 (a)所示为位错芯没有重构时的结构。从图中可以看出,未重构时位错芯中每个原子只与周围三个原子成键,即含有一个悬键。这种结构沿位错线方向具有对称性,周期为 b(b 为全位错 Burgers 矢量 1/2 <110 > 的模),称为单周期结构。在研究中发现,这种结构并不稳定,它的位错芯原子的悬键会两两成键,从而沿位错线方向发生重构,如图 1 -9(b)所示。重构以后的位错芯原子为含有四个共价键的稳定结构。同时,由于重构,在位错线方向的周期由 b 变为 $2b$,称为双周期结构。当 30 度部分位错的位错芯中含有奇数个原子时,在重构过程中还可能有一个原子无法重构,形成重构缺陷(RD)。有关 30 度部分位错在重构过程中所形成的弯结,本书将在第 3 章做详细的介绍。

人们利用理论方法,对 30 度部分位错的重构过程进行了广泛研究[36, 37]。其中 Bulatov[36] 等人利用 Stillinger-Weber (SW)势函数得出重构后位错能量降低了 0. 21 eV/Å; Nunes[37] 等人利用 TBTE 势函数得出了与上面相似的结果 0. 36 eV/Å。从计算结果可以看出,30 度部分位错重构后的结构要比重构前的结构稳定。另外,重构后位错芯的原子键长变化仅为 3% (Si 的键长为 2. 35 Å,重构后最长和最短键分别为 2. 42 与 2. 31 Å)[37]。

1.3.3 90 度部分位错的微观结构

未重构的 90 度部分位错的位错芯也是不稳定的,它也会发生重构。含有悬键的原子沿位错芯方向两两成键，形成不同的稳定结构。虽然很多文章都研究过90度部分位错的重构[37-40]，但是所得出的结果基本一致。图1-10中所示是Nunes[37]等人所得到的重构后的90度部分位错的位错芯。其中图1-10（a）为准五键（QF）对称重构。在这种结构中，每个位错芯原子形成准五键结构，并且保持了晶格的对称性和周期。图1-10（b）中所示的重构中位错芯中新形成的共价键向一个方向倾斜。重构后沿位错芯方向周期为 b，所以称为单周期重构（SP）。根据键的倾斜方向有左、右重构之分（图中所示为右重构）。两者重构后都破坏了晶体的对称性，所以属于非对称重构。Nunes[37]等人利用TETB计算后发现单位长度的SP结构要比QF结构能量低0.18 eV，所以认为SP结构相对于QF结构要稳定。Bigger[38]等人也对90度部分位错中单周期结构和准五键结构的能量进行了比较，发现SP要比QF低0.23 eV/Å。Hansen[39]等人在计算中也得出了类似的结果，发现SP比QF低0.18 eV/Å。在SP重构中，位错芯原子键长伸长了2.5%～3%[37,38]，最小键角和最大键角分别为96°和138°（Si的理想键角为109.5°）[38]。Bennetto[40]等人在SP重构的基础上提出了一种更稳定的重构结构。这种重构中，在SP重构的基础上在位错芯引入了交替存在的弯结，使沿位错线方向的周期变为 $2b$，成为双周期重构（DP），如图1-10（c）所示。DP重构和SP重构一样，都属于非对称性重构。当位错芯原子的个数为奇数个时，会剩余一个原子无法参与重构，形成图1-10（d）所示的含有一个悬键的孤立子模型。孤立子的存在会改变位错的对称状态。图1-10（d）以孤立子为中心，左右两部分的SP成对称结构。在90度部分位错的位错芯重构过程中，还会形成其他的如弯结等缺陷。

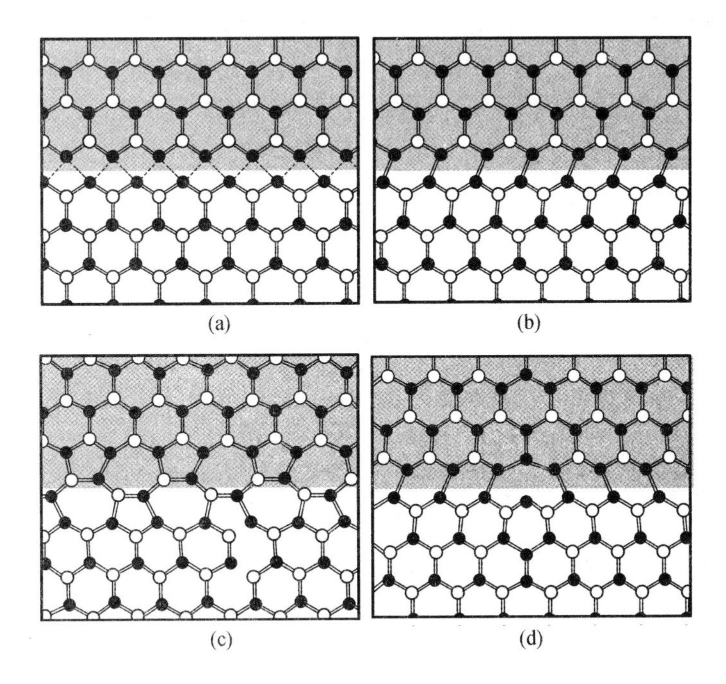

图1-10 90度部分位错重构后在{111}面内的投影

（a）QF对称重构后的稳定结构；（b）单周期非对称重构后的稳定结构；
（c）双周期非对称重构后的稳定结构；（d）含有孤立子的单周期重构

1.4 本书的主要内容

本书主要包括以下四个方面的内容:

(1)30 度部分位错运动特性的分子模拟

30 度部分位错是 Si_xGe_{1-x}/Si 异质结构中最重要的位错形式之一。它的运动特性不但是异质结构中失配位错释放机理的重要组成部分,还是位错与其他缺陷形式相互作用的基础。Si 中 30 度部分位错的运动形式比较复杂,含有多种弯结运动形式,并且弯结之间存在相互作用。本书将利用分子动力学方法研究 30 度部分位错中各种弯结在不同的温度、剪应力条件下的运动特性。同时,为了验证计算结果的正确性,利用 NEB 方法计算不同弯结在一个运动周期内的迁移势垒,之后将所得到的能量结果与分子动力学结果进行比较研究,以揭示 30 度部分位错复杂的运动过程。

(2)90 度部分位错运动特性的分子模拟

90 度部分位错也是 Si_xGe_{1-x}/Si 异质结构中最重要的位错形式之一。它的运动特性同样也是异质结构中失配位错释放机理的重要组成部分和位错与其他缺陷形式相互作用的基础。本书将研究 90 度部分位错单周期结构、双周期结构以及两种结构中的重构缺陷的运动特性,从而详细给出 90 度部分位错中不同弯结及重构缺陷的运动特性。

(3)空位的第一性原理及经验势函数的对比研究

空位和位错都是 Si 中最基本的缺陷形式。空位研究中比较重要的也是人们研究得比较多的是单空位、双空位和六边形空位环。它们的存在不但影响半导体器件的性质,参与半导体生长过程中的掺杂、位错成核,而且改变位错的成核机理及运动特性。为了进一步研究空位与位错的相互作用,不但需要对空位的基本特性进行了解,而且需要对用于空位计算的经验势函数进行选择。因此本书将利用第一性原理和经验势函数对单空位、双空位和六边形空位环的能量特性和结构特性进行对比研究。利用对比结果,选出适用于和空位有关的较大规模分子动力学计算的经验势函数。

(4)30 度部分位错与空位的相互作用

由于 30 度部分位错控制着 Si 中失配位错的运动,所以本书选择它与单空位、双空位和六边形空位环进行作用来揭示空位对位错运动特性的影响。本书将利用分子动力学方法,研究在不同温度、应力条件下运动的 30 度部分位错与空位的具体作用过程。将同样条件下,不含空位和含有空位运动所需时间进行比较,以判断空位对位错运动的影响。

第2章 分子模拟原理及方法简介

2.1 引 言

分子模拟方法又称计算机实验，它利用计算机和模拟算法为工具从原子水平来研究体系的各种物理和化学性质。利用分子模拟方法不但可以得到结构、能量等静态结果，而且可以用来模拟体系在外部条件作用下随时间演化的动态过程。它的结果是对理论计算和实验的有力补充，因此被称为继实验方法和理论方法之外人们认识客观世界的第三种方法。目前，分子模拟方法被广泛应用于物理、化学、材料学、医药、生命科学等方面。

分子模拟方法按照计算精度可以粗略地分为第一性原理方法、基于半经验势函数的模拟方法和基于经验势函数的模拟方法。其中第一性原理方法又称量子化学计算法，它以密度泛函理论为基础，利用原子间的真实的相互作用计算体系的能量、能带结构、电子密度、光学、电学、磁学等性质。因其为非参数化的计算过程，所以被认为是精度最高、最可靠的一种方法。但是，正是它计算过程的非参数化，使得它的计算规模受到很大限制，一般只能用于几十到几百个原子体系的计算。半经验势函数是在第一性原理基础上发展起来的。它在求解某些第一性原理公式时，为了降低计算量而采用了一些经验化的参数。它一般可以用于成百上千个原子的计算中。虽然计算精度相对于第一性原理下降了很多，但是依然可以满足计算精度要求不是太高的较大规模体系的能量计算。基于经验势函数的模拟方法又称经典分子模拟方法，它采用从实验或者第一性原理拟和出的经验势函数描述原子间的相互作用。虽然它的计算精度受到了限制，但是由于采用了经验势函数，它可以用于其他模拟方法无法实现的上万个原子体系的长时间的动力学特性计算。

从上面的分析可以看出，每种方法都有优点和缺点，适用于不同的模型。本书针对具体的问题，使用了第一性原理方法、基于紧束缚理论（半经验势函数）的方法和分子动力学方法等。下面对这些方法的基本原理分别做以简单介绍。

2.2 第一性原理的基本理论

对于一个给定的多粒子系统，体系所有的信息都包括在了它的波函数及运动方程——薛定谔方程中。多粒子系统的非相对论薛定谔方程为

$$H\Psi(\boldsymbol{r},\boldsymbol{R}) = E^H\Psi(\boldsymbol{r},\boldsymbol{R}) \tag{2-1}$$

式中 H—— 系统的哈密顿量；

Ψ——系统的波函数；

$\boldsymbol{r}$—— 所有电子坐标$\{\boldsymbol{r}_i\}$的集合；

$\boldsymbol{R}$—— 所有原子核坐标$\{\boldsymbol{R}_i\}$的集合；

E^H—— 系统能量（本征值）。

在没有外加场的作用下，系统的哈密顿量为

$$H = H_e + H_n + H_{e-n} \tag{2-2}$$

其中电子的哈密顿量 H_e 为

$$H_e(\boldsymbol{r}) = T_e(\boldsymbol{r}) + V_e(\boldsymbol{r}) = -\sum_i \frac{\hbar^2}{2m}\nabla_{r_i}^2 + \frac{1}{2}\sum_{i,i'}{}' \frac{e^2}{|\boldsymbol{r}_i - \boldsymbol{r}_i'|} \tag{2-3}$$

式中 $T_e(\boldsymbol{r})$——电子的动能；

$V_e(\boldsymbol{r})$—— 电子之间的库仑作用能；

m—— 电子质量；

∇^2—— 拉普拉斯算符；

$\hbar$——Dirac 常数；

e—— 电子电量。

原子核的哈密顿量 H_N 为

$$H_N(R) = T_N(\boldsymbol{r}) + V_N(\boldsymbol{r}) = -\sum_i \frac{\hbar^2}{2M_j}\nabla_{\boldsymbol{R}_j}^2 + \frac{1}{2}\sum_{j,j'}{}' V_N(\boldsymbol{R}_j - \boldsymbol{R}_{j'}) \tag{2-4}$$

式中 $T_N(\boldsymbol{R})$——原子核的动能；

$V_N(\boldsymbol{R})$——原子核之间的相互作用能；

M_j——第 j 个原子核的质量。

原子核和电子相互作用的哈密顿量 H_{e-N} 为

$$H_{e-N}(\boldsymbol{r},\boldsymbol{R}) = -\sum_{i,j} V_{e-N}(\boldsymbol{r}_i - \boldsymbol{R}_j) \tag{2-5}$$

式中 $V_{e-N}(\boldsymbol{r}_i - \boldsymbol{R}_j)$—— 电子和原子核之间的相互作用能。

式(2-1)~(2-5)构成了固体的非相对论量子力学描述。对于一个通常的多体体系，要求解薛定谔方程是非常复杂的(每立方米中对 i 和 j 的求和是 10^{29} 数量级)。因此,针对特定的物理问题,需要做合理的简化后才能求解。第一性原理计算方法一般有以下三个简化过程:

(1)玻恩-奥本海默(Born-Oppenheimer)绝热近似:将原子核的运动和电子的运动分开来考虑。

(2)Hartree-Fock 方法或者密度泛函理论(DFT):将多电子问题简化为单电子问题。

(3)利用简化的方法(原子轨道的线性组合 LCAO、缀加平面波 APW)数值求解简化后的薛定谔方程。

在实际的计算过程中一般采用 DFT 理论处理电子之间的相互作用,利用赝势理论处理电子与原子核之间的相互作用,利用超晶格近似处理原子的非周期性结构,利用迭代的方法来弛豫电子坐标。在本节的以下部分,我们将对其中的一些重要理论做以简单介绍。

2.2.1 Born-Oppenheimer 绝热假设

从式(2-1)~(2-5)可以看出,只有在式(2-5)中同时含有电子坐标和原子核坐标,即原子核与电子相互作用项。由于这一项与其他项都是同一数量级,所以简单的忽略并不合理。Born-Oppenheimer (BO)绝热近似认为,原子核的质量相对于电子的质量要大得多,因此将原子核的运动和电子的运动分开考虑是比较合理的。一般而言,原子核的质量大约是电子质量的一千倍,因此原子核的运动速度要比电子的小得多。当电子处于高速运动时,原子核只是在其平衡位置振动;电子能够绝热于核的运动,原子核只能缓慢地跟上电子分布的变化。因此,电子的量子行为与核的经典行为具有相对的独立性。利用这一原理,在处理电子运动问题时,可以将原子核看成处于静止状态;在处理原子核的运动问题时,则不考虑电子在空间的具体分布。利用BO绝热近似后,对于一个给定的系统,从电子角度考虑,原子核对于电子的作用就相当于电子在原子核的恒定势场下运动。这样就将电子的运动与核的运动分开了,得到了多电子的薛定谔方程

$$H(\boldsymbol{r}) = -\sum_i \frac{\hbar^2}{2m}\nabla_{r_i}^2 + \frac{1}{2}\sum_{i,i'}{}' \frac{e^2}{|\boldsymbol{r}_i - \boldsymbol{r}_{i'}|} + \sum_i V(\boldsymbol{r}_i) \tag{2-6}$$

其中 $\sum_i V(\boldsymbol{r}_i)$ 就是等效的原子核对电子作用势场。

2.2.2 密度泛函理论

利用BO绝热近似后,多粒子体系的薛定谔方程简化为多电子体系的薛定谔方程。为了进一步简化计算,需要将电子之间的相互作用分开,进而简化为单电子体系。一般常用的方法为Hartree-Fock方法和密度泛函理论。Hartree-Fock虽然也能得到电子结构信息,但是其难度大而且精度不高。密度泛函理论建立在Hohenberg-Kohe理论之上,推导过程相对于Hartree-Fock方法更严密,精度更高。因此,一般的第一性原理计算方法都是以密度泛函理论为基础的。密度泛函理论不但给出了将多电子问题简化为单电子问题的理论基础,同时也成为一种更加有效的分子和固体电子结构计算的有力工具,从而为化学和固体物理中的电子结构和总能计算提供了一种新的途径。

密度泛函理论是建立在Hohenberg-Kohn的两个基本定理基础上的[41]:

定理一　不计自旋的全同费米子(这里指电子)系统的基态能量是粒子数密度函数 $\rho(\boldsymbol{r})$ 的唯一泛函。

定理二　对于多电子体系,能量泛函 $E(\rho)$ 在粒子数一定的条件下对粒子数密度函数取最小值为体系的基态能量。

其中密度泛函理论中粒子数密度函数 $\rho(\boldsymbol{r})$ 定义为

$$\rho(\boldsymbol{r}) \equiv \langle \Phi | \Psi^+(\boldsymbol{r})\Psi(\boldsymbol{r}) | \Phi \rangle \tag{2-7}$$

式中　Φ—— 基态波函数;

$\Psi^+(\boldsymbol{r})$—— 在 $\boldsymbol{r}$ 处产生一个粒子的费密子场算符;

$\Psi(\boldsymbol{r})$—— 在 $\boldsymbol{r}$ 处湮灭一个粒子的费密子场算符。

根据式(2-6),我们可以得出非简并的多电子的哈密顿量为

$$H = T + U + V \tag{2-8}$$

式中　T——多电子系统动能项;

U——电子间的库仑作用;

V——外场。

其中

$$V = \int \mathrm{d}\boldsymbol{r}\Psi^+(\boldsymbol{r})\Psi(\boldsymbol{r}) \tag{2-9}$$

由式(2-8)、(2-9)可以得出体系的能量泛函为

$$E(\rho) = \int \mathrm{d}\boldsymbol{r}v(\boldsymbol{r})\rho(\boldsymbol{r}) + \langle \Phi | T + U | \Phi \rangle \tag{2-10}$$

其中式(2－10)的第二项为与外场无关的泛函，定义为 $F(\rho)$

$$F(\rho) \equiv \langle \Phi | T + U | \Phi \rangle \tag{2-11}$$

将式(2－11)中所有的项用 $\rho(\boldsymbol{r})$ 表示为

$$F(\rho) = T[\rho] + \frac{1}{2}\iint \mathrm{d}\boldsymbol{r}\mathrm{d}\boldsymbol{r}' \frac{\rho(\boldsymbol{r})\rho(\boldsymbol{r}')}{|\boldsymbol{r}-\boldsymbol{r}'|} + E_{XC}[\rho] \tag{2-12}$$

式中第一项和第二项分别表示动能和库仑相互作用，第三项表示体系中除第一项和第二项之外的所有的相互作用项，称为交换关联相互作用。它包含了相互作用粒子的全部复杂性。利用式(2－10)和(2－12)，就得出了用 $\rho(\boldsymbol{r})$ 表示的体系的能量泛函

$$E(\rho) = \int \mathrm{d}\boldsymbol{r} v(\boldsymbol{r})\rho(\boldsymbol{r}) + T[\rho] + \frac{1}{2}\iint \mathrm{d}\boldsymbol{r}\mathrm{d}\boldsymbol{r}' \frac{\rho(\boldsymbol{r})\rho(\boldsymbol{r}')}{|\boldsymbol{r}-\boldsymbol{r}'|} + E_{XC}[\rho] \tag{2-13}$$

根据定理二，在式(2－13)中对 $\rho(\boldsymbol{r})$ 取变分可得到基态能量和基态粒子数密度函数，变分后为

$$\int \mathrm{d}\boldsymbol{r}\delta\rho(\boldsymbol{r})\left[\frac{\delta T[\rho(\boldsymbol{r})]}{\delta\rho(\boldsymbol{r})} + v(\boldsymbol{r}) + \int \mathrm{d}\boldsymbol{r}' \frac{\rho(\boldsymbol{r}')}{|\boldsymbol{r}-\boldsymbol{r}'|} + \frac{\delta E_{XC}[\rho(\boldsymbol{r})]}{\delta\rho(\boldsymbol{r})}\right] = 0 \tag{2-14}$$

利用 $\int \mathrm{d}r\delta\rho(\boldsymbol{r}) = 0$，式(2－14)可简化为

$$\frac{\delta T[\rho(\boldsymbol{r})]}{\delta\rho(\boldsymbol{r})} + v(\boldsymbol{r}) + \int \mathrm{d}\boldsymbol{r}' \frac{\rho(\boldsymbol{r}')}{|\boldsymbol{r}-\boldsymbol{r}'|} + \frac{\delta E_{XC}[\rho(\boldsymbol{r})]}{\delta\rho(\boldsymbol{r})} = \mu \tag{2-15}$$

式中，μ 为拉格朗日乘子(含有化学势的意义)。

上式中，$T(\rho)$，$\rho(\boldsymbol{r})$ 以及 $E_{XC}[\rho(\boldsymbol{r})]$ 都是未知的。为了进一步地求解，Kohn 和 Sham 提出一个假设[42]：对于任何一个相互作用的电子系统，存在一个电子基态密度与之相同的无相互作用粒子的等效系统，即 $\rho_0(\boldsymbol{r}) = \rho(\boldsymbol{r})$。其中 $\rho_0(\boldsymbol{r})$ 为

$$\rho_0(\boldsymbol{r}) = \sum_i^N |\psi_i(\boldsymbol{r})|^2 \tag{2-16}$$

这样，动能泛函 $T(\rho)$ 就可以分解为两部分，一部分为已知的无相互作用的动能泛函 $T_s(\rho)$，另一部分为未知的含有相互作用的动能泛函，被归入未知的 $E_{XC}[\rho(\boldsymbol{r})]$ 中。将式(2－16)和 $T_s(\rho)$ 代入式(2－15)，并且将 μ 用 E_i 代替后，对 $\rho(\boldsymbol{r})$ 的变分就转化为对 $\psi_i(\boldsymbol{r})$ 的变分。同时对变化后的多电子薛定谔方程取变分后可以得出

$$\delta\{E[\rho(\boldsymbol{r})] - \sum_i^N E_i[\int \mathrm{d}\boldsymbol{r}\psi_i^*(\boldsymbol{r})\psi_i(\boldsymbol{r}) - 1]\}/\delta\psi_i(\boldsymbol{r}) = 0 \tag{2-17}$$

推出单电子的薛定谔方程为

$$\left\{-\frac{\hbar^2}{2m}\nabla^2 + v(\boldsymbol{r}) + \int \mathrm{d}\boldsymbol{r}' \frac{\rho(\boldsymbol{r}')}{|\boldsymbol{r}-\boldsymbol{r}'|} + \frac{\delta E_{XC}[\rho]}{\delta\rho(\boldsymbol{r})}\right\}\psi_i(\boldsymbol{r}) = E_i\psi_i(\boldsymbol{r}) \tag{2-18}$$

式(2－16)和(2－18)被称为 Kohn-Sham 方程。通过它就严格地将存在相互作用的多电子体系问题转化为无相互作用的单电子问题求解。在 Kohn-Sham 方程求解的过程中，一般先假设一 $\psi_i(\boldsymbol{r})$，然后得到粒子数密度函数 $\rho(\boldsymbol{r})$。代入到式(2－18)中通过对角化方法求得本证值 E_i，从而得到一个新的粒子数密度函数 $\rho(\boldsymbol{r})$。由新的 $\rho(\boldsymbol{r})$ 继续以上迭代过程，直到自洽。以上过程成为自洽迭代(SCF)。

2.2.3 局域密度近似和广义梯度近似方法

在密度泛函理论中，所有的未知量都被归入到了交换关联能 E_{XC} 中。它可以分解为两

项,其中 E_X 是由 Pauli 原理引起的交换能量,E_C 是由关联引起的。在交换关联能的求解过程中,最常用的两种方法为局域密度近似(Local-Density Approximation:LDA)[42]和广义梯度近似(GGA),下面就这两种常用的方法分别做以介绍。

交换关联能的一个最初的简单近似就是 LDA。Kohn 和 Sham(1965)提出局域密度近似。基本思想是将非均匀的电子气系统在局部看成是均匀电子气,这样就可以用均匀电子气的交换关联能密度 $\varepsilon_{XC}[\rho(\boldsymbol{r})]$ 代替非均匀电子气的交换关联能密度。代替后的交换关联能为

$$E_{XC}[\rho] = \int \mathrm{d}\boldsymbol{r}\rho(\boldsymbol{r})\varepsilon_{XC}[\rho(\boldsymbol{r})] \tag{2-19}$$

利用式(2-19),可以得出 Kohn-Sham 中的交换关联势为

$$V_{XC}(\rho) = \frac{\delta E_{XC}[\rho]}{\delta\rho} = \varepsilon_{XC}(\rho) + \rho\frac{\mathrm{d}\varepsilon_{XC}(\rho)}{\mathrm{d}\rho} \tag{2-20}$$

计算中只要知道 $\varepsilon_{XC}(\rho)$ 就可以求出交换关联势和交换关联能。

在计算中,对于电荷密度变化比较快的体系,LDA 通常能给出比较好的结果。但是,局域密度近似实际上认为电子的交换关联能的泛函形式是非常局域的,忽略了电子密度不均匀所产生的修正,即在本质上忽略了电子自旋的关联作用。导致它有很多缺点,如系统的高估结合能。为此,人们在 LDA 的基础上进行了改进,在交换关联能中包含了电子密度的梯度修正,即用梯度展开 E_{XC},从而更好地考虑真实体系的电子密度的不均匀性。这种方法称为广义梯度近似(GGA)。到目前为止,人们已发展了多种 GGA 的形式。其中有两个重要的方法,一个认为"一切都是合理的",即人们可以以任何原因选择任何可能的泛函形式,而这种形式的好坏由实际计算来决定。通常,这样的泛函的参数由拟合大量的计算数据得到。另外一种方法认为 GGA 泛函的构建必须符合一定的物理基础。利用这种方法所得到的一个非常有名的 GGA 泛函为 PBE[43]泛函,它是现在应用最广泛的 GGA 泛函之一。较之 LDA,GGA 改善了固体结合能和平衡晶格常数的计算结果,这是因为 GGA 倾向于电子密度不均匀,当键发生拉长或弯曲时,电子密度不均匀使能量降低。

2.2.4 赝势理论

在密度泛函理论中,利用 BO 绝热近似后,原子核与电子的作用等效为电子在原子核所提供的外场中运动。对原子核外电子而言,可以分为能级被填满的芯态电子和没有填满的价态电子两部分。虽然布洛赫定律可以使我们能用一组平面波来构造电子波函数,但是内层电子离核较近而感受较强的核的库仑作用,其动量较大而且其波函数也比较振荡,这使得对晶格特性起决定作用的价电子波函数由于核心电子的影响变得非常复杂。为了简化计算,将芯态电子和原子核一起视为离子实,而价电子就在离子实所提供的有效势下运动。这样的一个有效势就称为赝势,电子在赝势作用下的波函数就是赝波函数。由于忽略了核心电子的存在,使得价电子在原子核附近变得平滑。因而,可以用较少的平面波来构造价电子波函数,从而使计算量大幅度减少。如图 2-1 所示为 Hamann[44]等人所提出的第一性原理模守恒赝势(NCPP,Normal Conserving Pseudo Potential)产生原子赝势的示意图。

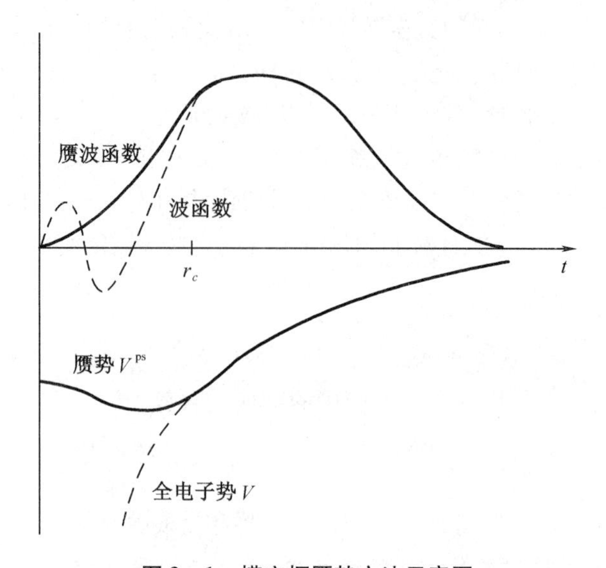

图 2-1 模守恒赝势方法示意图

在$r<r_c$的芯区内，全电子势、波函数被赝势、赝波函数所代替

2.3 紧束缚理论(TB)

TB 方法建立在 DFT 的基础之上，最早由 Bloch[45] 所提出，其中心思想就是利用原子轨道的线性组合(Linear Combination of Atomic of Atomic Orbitals:LCAO)作为一组基函数，由此来求解固体的薛定谔方程。

固体中单电子的薛定谔方程为

$$H\psi_{nk}(\boldsymbol{r}) = E_{nk}\psi_{nk}(\boldsymbol{r}) \tag{2-21}$$

上式中的波函数ψ_{nk}用 LCAO 的基矢展开为

$$\psi_{nk} = \sum_j A_{nj}\phi_{jk}(\boldsymbol{r}) \tag{2-22}$$

式中 ϕ_{jk}——布洛赫函数；

A_{nj}——线形组合参数。

将式(2-22)代入到式(2-21)中，并和$\phi_{j'k}(\boldsymbol{r})$作内积得到

$$\sum_j A_{nj} < \phi_{j'k} | H | \phi_{jk} > = E_{nk} \sum_j A_{nj} < \phi_{j'k} | \phi_{jk} > \tag{2-23}$$

上式中，取

$$H_{j'j} = < \phi_{j'k} | H | \phi_{jk} > \tag{2-24}$$

$$S_{j'j} = < \phi_{j'k} | \phi_{jk} > \tag{2-25}$$

其中$H_{j'j}$为哈密顿量H的矩阵元，$S_{j'j}$为原子轨道交叠积分。利用式(2-2)和式(2-25)，式(2-23)可简化为

$$\sum_j A_{nj}(H_{j'j} - E_{nk}S_{j'j}) = 0 \tag{2-26}$$

为求参数$\{A_{nj}\}$的非零解，需要解如下的本征方程

$$\det(H_{j'j} - E_{nk}S_{j'j}) = 0 \tag{2-27}$$

为了求解上式，TB方法中进行了系列的简化和近似。首先，解方程时会遇到复杂的多中心积分(二中心及三中心)问题，为了简化计算，通常将三中心积分忽略而只考虑二中心积分；其次，由于基矢函数 $\{\phi\}$ 是非正交的，即 $S_{j'j}$ 的非对角元素含有非零项，从而导致(2-27)项中非对角项中也含有 E_{nk}，使得计算量非常大。因此，TB方法中利用一些从第一性原理中拟合得到的参数来代替 $H_{j'j}$ 和 $S_{j'j}$。这样就不需要用自洽迭代的方法构造Hamiltonian矩阵，可提高计算速度，从而可以计算较大的体系。由于TB方法中积分用经验化的参数代替，因此这种方法也称为"半经验势函数"。

2.4　分子动力学方法

分子动力学方法是一种利用分子间真实的势函数描述体系在外界条件(温度、压力)作用下的符合真实状态的计算方法。由于它采用势能函数描述原子间的相互作用，能量就可以用解析函数的形式表达出来。这样就可以得到任意一个原子在整个体系中不同时刻的能量。将这个能量对坐标轴方向求导数，即可得到原子上的力，由此得到该原子的加速度，积分得到速度和运动轨迹。通过求统计平均，就可以得到所需要的宏观力学性质。一般计算过程如下：

(1)建立所要计算体系的模型及运算参数；

(2)初始化；

(3)计算系统中原子上的力；

(4)解牛顿运动方程；

(5)循环3,4过程直到指定的时间尺度，输出需要观测的结果。

2.4.1　初始化及原子上的力

模型及计算参数输入后，开始对体系中所有的原子赋予初始位置和速度。其中，初始位置由模型结构决定。每个粒子在初始时速度被随机的赋予(-0.5,0.5)区间的一个值。随后，改变所有粒子的速度以确保总动量为零。热平衡条件下，系统每个自由度下的平均动能为

$$\langle \frac{1}{2}mv_i^2 \rangle = \frac{1}{2}k_B T \tag{2-28}$$

因此，根据式(2-28)重新标定速度，使得系统瞬时温度和给定温度 T 一致。

体系中所有粒子的初始位置确定后，原子间距离及键角也随之可以算出。分子动力学方法中，利用经验势函数描述原子间的作用。由于经验势函数是原子间距离及键角的函数，因此在没有外力作用的情况下作用在原子上的力就可以利用经验势函数求出。

2.4.2　积分算法

分子动力学方法假设体系中的每一个原子的运动是由牛顿运动方程决定的。求出原子上的力后，就可以对牛顿运动方程进行积分。牛顿运动方程的一般形式为

$$m_i \ddot{\boldsymbol{r}}_i = \boldsymbol{F}_i \quad (i=1,2,\cdots,n) \tag{2-29}$$

式中　m_i——单个原子的质量；

$\boldsymbol{F}_i$——由势能函数得到的作用在原子上的力。

上式中包括了速度、加速度和位移等重要信息，所以对它的求解精度要求较高。分子动力学方法中，常见的积分算法有预测－校正算法[46]、Verlet 方法[47]、蛙跳方法[48]等。在本书的计算中，广泛使用了预测－校正算法，下面就简单介绍一下这种方法。

预测－校正算法采用有限差分法，即已知原子在 t 时刻的位置、速度和其他动力学信息，求 $t+\delta t$ 时刻原子的位置、速度、加速度等量，并使它们满足一定的精度要求。δt 的选取依赖于特定的算法，而且必须远远小于分子移动一个与它自身尺寸相当的距离所需的时间。由 t 时刻粒子的坐标、速度等量通过 Taylor 展开的方式得出 $t+\delta t$ 时刻的值。当然，在所有这些被预测的量当中，必须包含加速度 a；然后进行加速度误差估计；最后利用误差信号进行校正。

1. 预测

利用 Taylor 展开方法由 t 时刻原子的位置、速度、加速度等量预测 $t+\delta t$ 时刻的位置、速度、加速度等值。

$$\begin{cases} r^P(t+\delta t) = r(t) + \delta t v(t) + \frac{1}{2}\delta t^2 a(t) + \frac{1}{6}\delta t^3 b(t) + \cdots \\ v^P(t+\delta t) = v(t) + \delta t a(t) + \frac{1}{2}\delta t^2 b(t) + \cdots \\ a^P(t+\delta t) = a(t) + \delta t b(t) + \cdots \\ b^P(t+\delta t) = b(t) + \cdots \end{cases} \tag{2-30}$$

其中 p 表示预测值；b 表示 r 的 3 阶导数。如果按式(2－30)的形式截断，那么就得到了 $t+\delta t$ 时刻粒子的位置、速度、加速度等量信息。

2. 求误差信号

得到了 $t+\delta t$ 时刻粒子的信息后，利用预测所得到的 $r^P(t+\delta t)$ 值和牛顿运动方程式(2－29)求出 $t+\delta t$ 时刻校正加速度 $a^C(t+\delta t)$。将求出的校正加速度 $a^C(t+\delta t)$ 和预测出的加速度 $a^p(t+\delta t)$ 进行比较，得出校正所需要的误差信号

$$\Delta a(t+\delta t) = a^C(t+\delta t) - a^P(t+\delta t) \tag{2-31}$$

3. 校正

将计算出的误差信号 $\Delta a(t+\delta t)$ 和由式(2－30)所得的预测值一起代入校正阶段的运算中，通常的表达式如下

$$\begin{cases} r^C(t+\delta t) = r^P(t+\delta t) + c_0 \Delta a(t+\delta t) \\ v^C(t+\delta t) = v^P(t+\delta t) + c_1 \Delta a(t+\delta t) \\ a^C(t+\delta t) = a^P(t+\delta t) + c_2 \Delta a(t+\delta t) \\ b^C(t+\delta t) = b^P(t+\delta t) + c_3 \Delta a(t+\delta t) \end{cases} \tag{2-32}$$

通过不同时刻的预测、估计误差、校正的循环，就得到了比较精确的结果。如果预测或校正的变量不同，运动方程对 r 的阶数不同，或是同阶微分方程的具体形式不同，系数的选取会有所不同。

2.4.3 常用经验势函数介绍

在分子动力学方法中常利用经验势函数描述原子之间的相互作用和影响，所以它是分子模拟中重要的组成部分。势函数的选择不但关系到计算的精度和可以实现的规模，还决

定了计算的工作量。实际运行显示，模拟中 80% ~90% 的计算时间都用在了使用势函数求能量和力的过程中。下面对本书分子动力学模拟中所采用的 Stillinger-Waber（SW）势函数[49]，Tersoff（T_3）势函数[50]和 Environment-dependent interatomic potential（EDIP）势函数[51]做一下介绍。

SW 势函数是 Si 中应用最多的经验势函数。它的表达式由二体势和三体势的线性组合得到，具体形式为

$$\begin{cases}\phi = \sum\limits_{\substack{i,j\\ i<j}} v_2(i,j) + \sum\limits_{\substack{i,j,k\\ i<j<k}} v_3(i,j,k)\\ v_2(r_{ij}) = \varepsilon f_2(r_{ij}/\sigma)\\ v_3(r_i,r_j,r_k) = \varepsilon f_3(r_i/\sigma, r_j/\sigma, r_k/\sigma)\end{cases} \tag{2-33}$$

式中　r_{ji}——i,j 原子间的距离；

ε——i,j 原子间的键合能；

σ——i,j 原子间平衡时候的键长与 $2^{1/6}$ 的比值，保证在 r_{ji} 等于平衡键长的时候，f_2 能达到最小值 -1。

f_2 和 f_3 两个函数的具体形式如下

$$f_2(r) = \begin{cases}A(Br^{-p} - r^{-q})\exp[(r-a)^{-1}] & (r<a)\\ 0 & (r\geqslant a)\end{cases} \tag{2-34}$$

$$f_3(r_i,r_j,r_k) = h(r_{ij},r_{ik},\theta_{jik}) + h(r_{ji},r_{jk},\theta_{ijk}) + f(r_{ki},r_{kj},\theta_{ikj}) \tag{2-35}$$

其中

$$h(r_{ij},r_{ik},\theta_{jik}) = \lambda\exp[\gamma(r_{ij}-a)^{-1} + \gamma(r_{ik}-a)^{-1}] \times \left(\cos\theta_{jik} + \frac{1}{3}\right)^2 \tag{2-36}$$

$$\cos\theta_{ijk} = \frac{r_{ij}\cdot r_{jk}}{r_{ij}r_{jk}} \tag{2-37}$$

式中，θ_{ijk} 为 i,j,k 原子间的键角。

由上面的介绍，我们可以看出，SW 势函数只有八个参数，并且二体势和三体势之间是线性组合，形式比较简单。它可以处理 Si 中位错、点缺陷、一些表面结构和液态、混合状态时的问题[51]。

Tersoff 势函数也是 Si 中应用比较多的势函数之一。它主要用于动力学特性、热力学特性、点缺陷和液态、无序态的计算中。由于它在计算过程中考虑到原子周围近邻原子的影响，所以它是一类依赖环境的势函数。

Tersoff 势函数由两部分组成：吸引能和排斥能。总能量为两部分能量之和，具体为

$$V_{ij} = f_C(r_{ij})[f_R(r_{ij}) + b_{ij}f_A(r_{ij})] \tag{2-38}$$

$$E = \sum_i E_i = \frac{1}{2}\sum_{i\neq j} V_{ij} \tag{2-39}$$

式中　f_c——势能截断；

f_A，f_R——原子间相互吸引和相互排斥的作用。

其中

$$\begin{cases} fR(r_{ij}) = A_{ij}\exp(-\lambda_{ij}r_{ij}) \\ fA(r_{ij}) = -B_{ij}\exp(-\mu_{ij}r_{ij}) \\ fC(r) = \begin{cases} 1 & (r_{ij} < R_{ij}) \\ 1/2 + 1/2\cos[\pi(r_{ij} - R_{ij})/(S_{ij} - R_{ij})] & (R_{ij} < r < S_{ij}) \\ 0 & (r_{ij} > S_{ij}) \end{cases} \\ A_{ij} = (A_iA_j)^{1/2}, B_{ij} = (B_iB_j)^{1/2} \\ R_{ij} = (R_iR_j)^{1/2}, S_{ij} = (S_iS_j)^{1/2} \end{cases} \tag{2-40}$$

式中，R_c 为截断半径。

当原子间距大于 R_c 时，就不再计算这一对原子的能量。同时，在式(2-38)中有一个反映 Tersoff 势函数结果和周围环境关系的重要的变量 b_{ij}。Tersoff 势函数的关键点是认为每一对原子间的作用力取决于周边环境，当他们的近邻原子数目较多时，这一对原子间的作用力会被弱化。它的具体过程为

$$\begin{cases} b_{ij} = \dfrac{\chi_{ij}}{(1 + \beta_i^{n_i}\zeta_{ij}^{n_i})^{1/2n_i}} \\ \zeta_{ij} = \sum\limits_{k \neq i,j} f_C(r_{ij})g(\theta_{ijk}) \\ g(\theta_{ijk}) = 1 + c_i^2/d_i^2 - c_i^2/[d_i^2 + ({}^h_i - \cos\theta_{ijk})^2] \\ \lambda_{ij} = (\lambda_i + \lambda_j)/2, \mu_{ij} = (\mu_i + \mu_j)/2 \end{cases} \tag{2-41}$$

式中 S_{ij}—— 原子 i 的“有效协调数”，它的值取决于原子 i 的近邻原子数；

λ_i, n_i—— 与原子类型有关的参数。

Tersoff 势函数可以反映出原子和周围环境之间的关系，但是它在处理弹性问题时结果并不可取，而且无法处理 30 度部分位错的重构。

EDIP 势函数在形式上和 SW 势函数相似，由二体势和三体势线性组合而成。但是它在势函数中引入了原子有效配位数 Z_i，将原子周围环境考虑进来了。具体形式如下

$$E_i = \sum_{j \neq i} V_2(R_{ij}, Z_i) + \sum_{j \neq i} \sum_{k \neq i, k > j} V_3(\boldsymbol{R}_{ij}, \boldsymbol{R}_{ik}, Z_i) \tag{2-42}$$

式中，R_{ij}为 i 原子与 j 原子之间的位置向量。

Z_i—— i 原子附近的有效配位数。

$$Z_i = \sum_{m \neq i} f(R_{im}) \tag{2-43}$$

式中 $f(R_{im})$—— 截断方程；

$$f(r) = \begin{cases} 1 & r < c \\ \exp\left(\dfrac{a}{1 - x^{-3}}\right) & c < r < a \\ 0 & r > a \end{cases} \tag{2-44}$$

由式(2-43)、式(2-44)我们可以得到在 Si 的完整晶体中有效配位数是 4。在得到了有效配位数后，可以得到二体势和三体势的表达式

$$V_2(r, Z) = A\left[\left(\frac{B}{R}\right)^{\rho} - p(Z)\right]\exp\left(\frac{\sigma}{r - a}\right) \tag{2-45}$$

$$p(Z)=\mathrm{e}^{-\beta z^2} \quad (2-46)$$

$$V_3(\boldsymbol{R}_{ij},\boldsymbol{R}_{ik},Z_i)=g(R_{ij})g(R_{ik})h(l_{ijk},Z_i) \quad (2-47)$$

$$g(r)=\exp\left(\frac{\gamma}{r-a}\right) \quad (2-48)$$

$$h(l,Z)=\lambda[(1-\mathrm{e}^{-Q(Z)(l+\tau(Z))^2})+\eta Q(Z)(l+\tau(Z))^2] \quad (2-49)$$

$$\tau(Z)=u_1+u_2(u_3\mathrm{e}^{-u_4 Z}-\mathrm{e}^{-2u_4 Z}) \quad (2-50)$$

$$l_{ijk}=\cos\theta_{ijk}=\boldsymbol{R}_{ij}\cdot\boldsymbol{R}_{ik}/R_{ij}R_{ik} \quad (2-51)$$

式中其他参数为常数。EDIP 势函数解决了 SW 势函数和 Tersoff 势函数在部分位错计算中的问题，不但可以处理 30 度部分位错的重构，而且可以处理 90 度部分位错的重构。

2.4.4　应力施加方法

在实际的分子模拟中，为了使模拟更加符合实际，经常需要给体系施加外力。模型在外力作用下常常会产生体系倾斜、压缩等形状和体积的变化。传统的分子动力学方法只能处理形状和体积不变的系统，无法满足模拟需要。因此我们在计算中采用了在 Andersen 方法[52]基础上改进的 Parrinello-Rahman(PR)算法[53]对体系施加应力。PR 方法中采用元胞受力发生剪切变形运动与粒子运动相互耦合的方法，将剪应力自然的施加到模型中。使用该方法后，体系的哈密顿量为

$$\hbar=\sum_i 1/2m_i v_i^2+\sum_i\sum_{j>i}\phi(r_{ij})+1/2WTr\dot{h}'\dot{h}+p\Omega \quad (2-52)$$

上式中右边第一项表示系统的动能；第二项表示系统的势能，ϕ 为势函数；第三项表示元胞在变形运动中的动能，W 为元胞质量，其取值决定元胞在压力作用下的变形速度，h 为描述元胞形状的 3×3 矩阵，Tr 表示取迹；最后一项为元胞在静水压力作用下的势能，p 为静水压力，Ω 为元胞体积，如果仅有剪应力作用，此项值为零。体系中的粒子运动方程为

$$\ddot{s}=-\sum_{j\neq i}m_i'(\phi'/r_{ij})(s_i-s_j)-G^{-1}\dot{G}\dot{s}_i \quad (i=1,\cdots,N) \quad (2-53)$$

元胞受任意应力作用变形的微分方程为

$$W\ddot{h}=\pi\Omega h^{-1}-hh_0^{-1}Sh_0'^{-1}\Omega_0 \quad (2-54)$$

在式(2-54)中，π 表示体系的内应力；h_0，Ω_0 为初始状态时的元胞形状和体积；S 为外加剪应力，通过 3×3 矩阵形式表示，所以可以很方便地施加各种方向剪应力。从粒子的运动方程(2-53)中可以看出，通过右边第二项，将元胞的变形运动耦合了上来。

2.5　最低能量路径寻找方法

在理论化学和凝聚态物理中，为了了解从一个构型到另外一个构型转换的可能性，常常需要计算两个状态之间的最低能量路径(MEP, Minimum Energy Path)。MEP 上最大的势能差就是转换所需要的势垒值。计算 MEP 有很多方法，我们采用在状态链方法(Chain of States)[54]基础上改进的 Nudged Elastic Band (NEB)方法[55, 56]。

在状态链方法中，将初始状态记为 R_0，最终状态记为 R_N，R_0 和 R_N 之间插入 $N-1$ 个状态。将这 $N-1$ 个状态想象成 $N-1$ 个刚性小球，并且用弹簧将这 $N-1$ 个状态连接起来。由于弹簧的作用，这 $N-1$ 个状态将在初始状态和最终状态之间平均分布，这种力称为弹簧

恢复力。同时,由于小球具有重力,它们将趋向于初始状态和最终状态之间的势能最低点,这种力称为弛豫力。状态链方法就是利用这两种力的协调作用来使 $N-1$ 个状态分布在初始状态和最终状态之间的最低势能面上。但是这种方法中由于弛豫力和弹簧恢复力之间存在耦合,无法寻找到真正的 MEP。当弹簧恢复力较大时,虽然可以使状态均匀分布,但是它同时将状态拉离了最低能量路径,出现"角落"问题;相反,当弛豫力较大时,会促使状态点堆积在势能较低的地方,出现"滑落"问题。Jonsson 等人[55, 56]针对状态链方法中的缺点进行了改进,提出了 NEB 方法。

初始状态和最终状态之间的 $N-1$ 状态中第 i 个状态上所受的弛豫力和弹簧拉力分别为

$$\boldsymbol{F}_i = -\nabla V(\boldsymbol{R}_i) + \boldsymbol{F}_i^S \tag{2-55}$$

$$\boldsymbol{F}_i^s \equiv k(\boldsymbol{R}_{i+1} - \boldsymbol{R}_i) - k(\boldsymbol{R}_i - \boldsymbol{R}_{i-1}) \tag{2-56}$$

式中 $V(\boldsymbol{R}_i)$——系统能量;

k——弹簧的弹性常数。

为了将弛豫力和弹簧恢复力进行解耦,将各个状态上的弛豫力和弹簧恢复力分别相对于该点沿路径的切线方向分解。体系只取垂直于该点路径切线的弛豫力和平行于该点路径切线的弹簧恢复力,让其他部分为零。这样就将弛豫力和弹簧恢复力转换为两个相互垂直的力,他们对每个状态的作用互不影响。处理后每个状态上受力为

$$\boldsymbol{F}_i^0 = -\nabla V(\boldsymbol{R}_i)\big|_\perp + \boldsymbol{F}_i^S \cdot \hat{\tau}_\parallel \hat{\tau}_\parallel \tag{2-57}$$

$$\nabla V(\boldsymbol{R}_i)\big|_\perp = \nabla V(\boldsymbol{R}_i) - \nabla V(\boldsymbol{R}_i) \cdot \hat{\tau}_\parallel \hat{\tau}_\parallel \tag{2-58}$$

其中 $\hat{\tau}_\parallel$ 为路径上 i 点处的单位正切值。

在弛豫力和弹簧恢复力的作用下 $N-1$ 个状态向 NEP 收敛,当 $\nabla V(\boldsymbol{R}_i\big|_\perp)=0$ 时所得的能量路径即为最低能量路径 MEP。

2.6 周期性边界条件

在理论研究中,假设位错位于无限大的晶体中,这样就不用考虑边界对结果的影响。但是在分子学模拟中,由于模型尺度的限制,模型中原子的个数相对于宏观尺度物体来说非常少。因此计算中必须对模型表面进行处理,以减小表面悬键对模拟结果的影响和消除表面效应。

在实际应用中有多种边界条件,为了使用 PR 方法施加应力,我们采用分子学模拟中最常用的周期性边界条件(PBC,Periodic Boundary Condition)。这种方法以一个模型盒子为基础,将盒子向三维空间无限复制,这样就可以消除边界所带来的问题,并且可以将位错看成处于无限大的体系中。图 2-2 所示即为在位错计算中采用周期性边界条件的二维模型[57]。

从图 2-2 中可以看出,使用周期性边界条件后,虽然不用考虑表面效应,但是同时引入了位错与它的映像之间的相互作用,这种作用随着模型尺寸的变化而变化。因此,在计算中需要对模型尺寸进行验证,以确保周期性边界条件不会对计算结果产生影响。

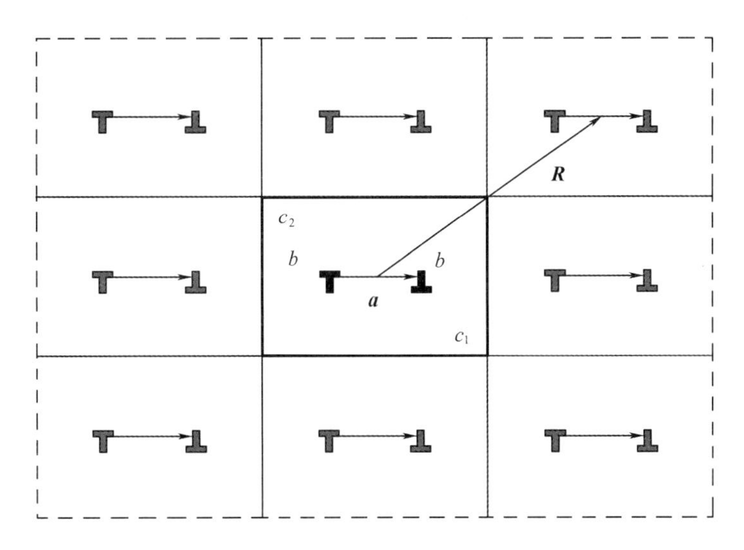

图 2－2　分子模拟中使用周期性边界条件模型的示意图

浅色位错为主模型中位错的映像

2.7　本 章 小 结

本章对本书中将用到的第一性原理计算方法、半经验势函数(TB)、分子动力学方法、最低能量路径寻找方法(NEB)等进行了简单介绍。每种计算方法都有优点和缺点。本书在后续的计算中,将针对不同的问题选择不同的方法进行物理量的求解。

第3章　30度部分位错的运动特性

3.1　引　　言

在具有金刚石结构的Si中,主要的可滑移失配位错是在{111}面内沿着<110>方向的60度位错[22]。为了降低体系能量,60度位错和螺位错会发生分解[29, 30]。其中,60度位错会分解为一个30度部分位错和一个90度部分位错[25, 27-29],螺位错会分解为两个30度部分位错[26, 30],两个部分位错之间都以堆垛层错相连。分解之后,30度部分位错就成为了Si中最重要的失配位错之一。在以往有关30度部分位错的文献中,对其微观结构进行了详细研究[31, 38, 58]。在此基础上,人们现在将重点放在了30度部分位错的运动特性上[59,60]。

在Si,Ge这样具有较高P-N势垒的材料中,位错的运动以弯结对(Kink-Pair)的形成和弯结沿着位错线方向的迁移实现[14]。30度部分位错的位错芯经过重构以后可以形成如图3-1所示的五种缺陷形式。

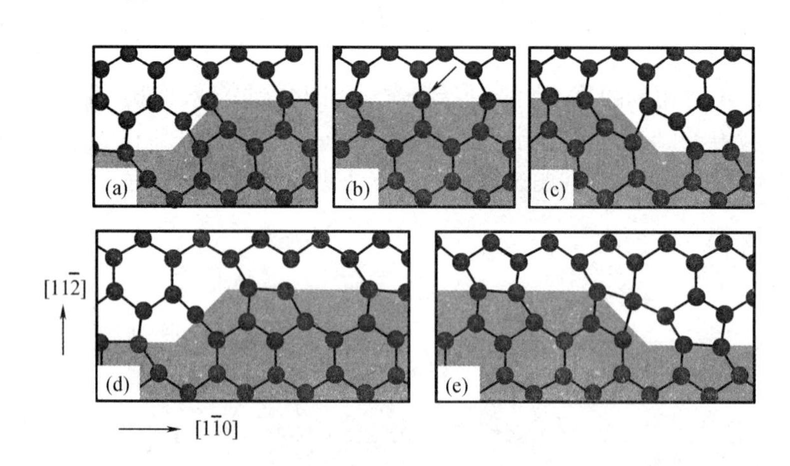

图3-1　30度部分位错芯重构后所形成的缺陷形式示意图

阴影部分为层错区

(a) 左弯结;(b) 重构缺陷;(c) 右弯结;(d) 左弯结-重构缺陷;(e) 右弯结-重构缺陷

其中左弯结(LK)和右弯结(RK)为纯弯结结构[36]。纯弯结与重构缺陷(RD)[61]可以结合产生弯结-RD结构:左弯结-RD结构(LC)和右弯结-RD结构(RC)[36]。当沿位错芯方向含有奇数个原子时,重构过程中就可能剩一个原子无法与其他原子成键,形成含有一个悬键的RD(又称为孤立子)。在以往有关30度部分位错运动特性的文献中,人们往往只研究了纯弯结结构[28, 62, 63]的运动过程或者微观结构,对弯结-RD结构研究的相对较少。而在30度部分位错实际运动的过程中,LC和RC的运动特性也是非常重要的。在30度部分位错运动过程中,正是这五种缺陷各自的运动以及它们之间的相互作用和联系使得运动过程非常复杂。

以前有关30度部分位错运动的研究大部分是建立在Hirth和Lothe[14]提出的活化能(Q)理论基础上的。Q由位错的形成能(F_k)和迁移势垒(W_m)两部分组成。其中,在求迁移势垒之前,必须根据缺陷的结构特点猜测出可能的运动过程和中间稳定状态的微观结构[28,62,63]或者利用退火的方法得出中间稳定状态[36]。所以,基于活化能的理论有两个缺陷:一个是所得到的中间稳定结构不一定是弯结运动过程中真实存在的过渡状态,即借助中间状态的转化实现运动的过程不一定是位错运动过程中真实发生的过程;另外一个是只考虑了30度部分位错中各种弯结的孤立运动,没有考虑它们之间的相互作用,从而无法真实地反映出位错复杂的运动过程。本章将利用分子动力学方法研究30度部分位错中各种弯结在不同的温度、剪应力条件下的运动特性,通过对运动过程的详细记录,揭示各种弯结的真实运动过程以及它们之间的相互作用,从而得到30度部分位错复杂的运动特性。同时,为了验证分子动力学结果的正确性,将利用基于半经验势函数的NEB方法计算弯结在一个运动周期内的迁移势垒,将所得到的能量结果与动力学结果进行比较。

3.2　分子动力学参数设定

由于是计算位错的运动特性,所以计算中所使用的模型的规模比较大,计算所需要的时间也比较长。这种情况下,第一性原理计算方法及基于半经验势函数的计算方法都无法胜任。所以基于经验势函数的分子动力学方法是30度部分位错运动特性计算中比较好的选择。计算中选择EDIP描述原子之间的相互作用。这主要是因为EDIP势函数也是唯一一个可以同时较好地描述30度部分位错和90度部分位错微观结构的经验势函数[51]。分子动力学模拟中使用NPT系综,即体系中原子个数N、压力P和温度T在计算中保持恒定。同时,计算中使用三边周期性边界条件,时间步长设为1 fs。为了使弯结能够在{111}面内沿着位错线方向运动,使用PR方法沿30度部分位错Burgers矢量方向施加剪切应力。

针对四种弯结结构中的每一种,利用分子动力学方法模拟在不同温度和剪切应力条件下的运动过程。其中温度从850 K开始,之后每增加50 K做一次计算,最高为1 200 K。温度确定了之后,剪切应力最低设为1 GPa,每增加0.5 GPa做一次计算,最高为2.5 GPa。每次计算总共持续300 ps,每隔0.1 ps记录一次模型构型。通过以上过程,详细记录了LK,RK,LC和RC在不同温度、剪切应力条件下的运动过程。

3.3　30度部分位错的弯结模型

针对30度部分位错中四种不同的弯结结构,分别建立与之相对应的模型。其中LK和RC模型的三边矢量为4[111],20[11 -2]和11.5[1 -10],包含11 040个原子。RK和LC模型的三边矢量分别为4[111],20[11 -2]和10.5[1 -10],包含10 080个原子。模型中单根位错线的引入会因为位错的畸变而在模型边界处产生晶格不匹配,无法使用周期性边界条件。为了解决这个问题,在每个模型中引入了含有相反Burgers矢量的位错偶极子,使模型整体Burgers矢量为零。偶极子的两根位错线位于{111}面内,沿[1 -10]方向分布,位错线之间为10[11 -2]的层错区。由于30度部分位错是含有刃位错和螺位错的混合型位错,所以位错偶极子可以根据Hirth和Lothe[4]的位移场公式建立。具体方法为,对于模型中的每个原子,计算出偶极子在该原子处的螺型分量和刃型分量,并且和模型四周的16个映像位错在该点的位移矢量进行叠加，得出该点的真实位移，并将原子进行相应的移动。叠加遍历模型中所有原子之后就得到了含有位错偶极子的初始构型。由于位错偶极子的引入，必须考虑偶极子中两根位错线之间的相互作用以及由周期性边界条件所造成的偶极子与周围映像之间的相互作用。将周期性边界条件作用下的含有位错偶极子的模型与无缺陷的完整晶体相比较，其能量高出的那一部分定义为晶格畸变能 E_{atm}，表示为[57]

$$E_{\mathrm{atm}} = 2E_{\mathrm{core}} + E_{\mathrm{prm}} + E_{\mathrm{img}} \tag{3-1}$$

式中 E_{core}——单根位错的位错芯能量；

E_{prm}——元胞中的两个位错间的弹性能；

E_{img}——元胞内的基本偶极子与周期性镜像偶极子相互作用的能量。

为了估算模型尺寸对计算结果的影响，本书在上述的小模型中对晶格畸变能进行了计算。同时，在另外的大模型中也对晶格畸变能进行了计算。大模型尺寸为6[111]、30[11 -2]和21.5[1 -10]（LK和RC）和6[111]，30[11 -2]和20.5[1 -10]（RK和LC）。最后结果表明，两者晶格畸变能的变化小于0.9%。同时考虑到计算中所加的应力比较大（1~2.5 GPa），以上相互作用对结果的影响非常小[64]，因而在本书计算中进行了忽略。

3.4 弯结的运动过程

3.4.1 LK和RK的运动过程

通过分析所记录的LK运动过程中构型的变化可以发现，当温度和剪切应力较低时，LK在一个运动周期2b（b为矢量1/2 <110>的模）内通过稳定状态之间的相互转化实现运动。具体运动过程如图3－2所示。

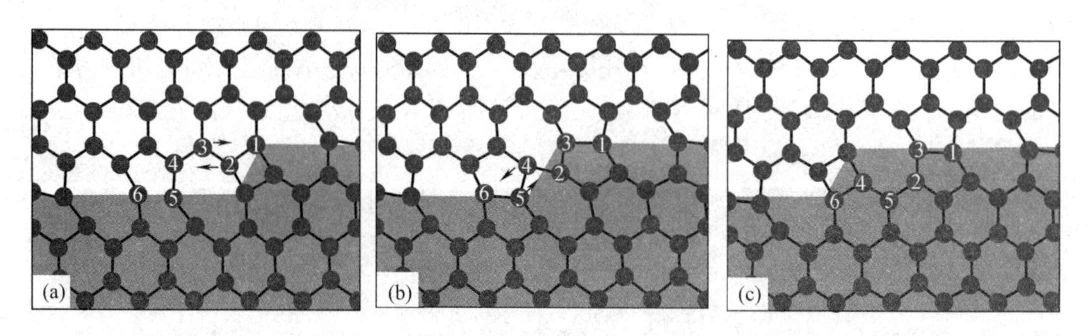

图3－2 在{111}面上左弯结（LK）在较低温度或剪切应力条件下一个周期2b内的运动过程示意图

（a）左弯结；（b）左弯结运动过程中的中间稳定状态；（c）左弯结在一个运动周期后的稳定结构

图3－2（a）为LK发生运动时的初始构型，图3－2（b）为运动过程中所经历的中间稳定状态，图3－2（c）为一个运动周期后与LK初始结构相同的稳定状态。LK在运动过程中，从图3－2（a）开始，在外加剪切应力的作用下向图3－2（b）转化。转化完成后LK实现了半个周期的运动过程，另外半个周期的运动过程和前半个周期的运动过程基本类似。以上运动过程是通过原子键的旋转、断键及成键的过程实现的。具体步骤为：图3－2（a）中连接原子2，3的键在外加剪切应力作用下发生如图中箭头所示的旋转，旋转过程中，原子1，2之间，3，4之间的键长被拉长发生断裂，原子1与3，2与4重新成键，形成图3－2（b）所示的稳定

结构。与以上过程类似，图 3－2(b) 中连接原子 4,5 的键在外加剪切应力作用下发生如图中箭头所示的旋转，旋转过程中，原子 2,4 之间，5,6 之间的键长被拉长发生断裂，原子 2 与 5,4 与 6 重新成键，形成图 3－2(c) 所示的稳定结构。通过以上过程，LK 实现了一个周期内的运动。在实际运动过程中，LK 通过这种周期的运动在外力作用下不停的向左运动。当它运动出左边边界的时，由于周期性边界条件的作用，LK 从模型右边界进入模型。从图 3－2 中还可以发现，LK 在一个运动周期内的所有稳定状态的微观结构中，其中心原子为含四个共价键的饱和原子。

在温度和剪切应力较低条件下，RK 也是在一个运动周期 $2b$ 内通过稳定状态之间的相互转化实现运动。具体运动过程如图 3－3 所示。图 3－3(a) 为 RK 发生运动时的初始构型，图 3－3(b) 为运动过程中所经历的中间稳定状态，图 3－3(c) 为一个运动周期后与 RK 初始结构相同的稳定状态。从图 3－3(a) 所示的初始构型开始，RK 在外加剪切应力作用下开始运动。其中连接原子 1,2 的键在外加剪切应力作用下发生如图中箭头所示的旋转。旋转过程中，原子 1,6 与 2,3 之间的键长被拉长发生断裂，原子 1 与 3,2 与 6 重新成键，形成图 3－3(b) 所示的稳定结构。同样，图 3－3(b) 中连接原子 4,5 的键在外加剪切应力作用下发生如图中箭头所示的旋转。旋转过程中，原子 4,8 与 5,7 之间的键长被拉长发生断裂，原子 4 与 7,5 与 8 重新成键，形成图 3－3(c) 所示的一个周期后的稳定结构。RK 通过以上过程实现了一个周期内的运动。在实际运动过程中，RK 通过这种周期的运动在外力作用下不停的向右运动。当它运动出右边边界的时候，由于周期性边界条件的作用，RK 从模型左边界进入模型。从图 3－3 中还可以发现，RK 在一个运动周期内的所有稳定状态的微观结构中，其中心原子为含四个共价键的饱和原子。

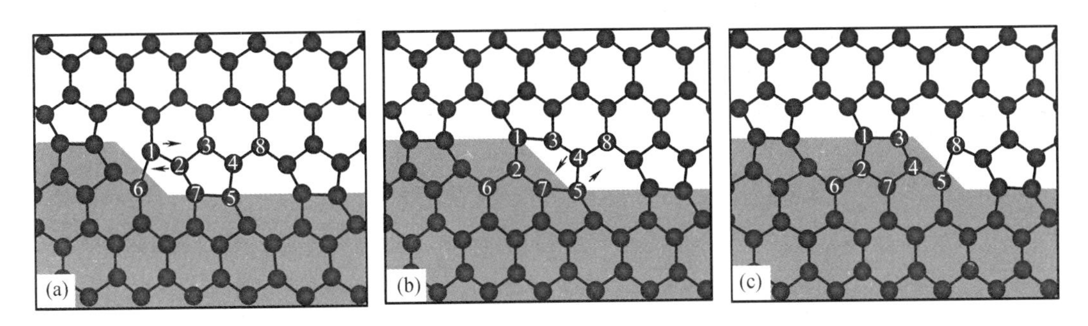

图 3－3　在{111}面上右弯结(RK)在低温度或剪切应力条件下一个周期 $2b$ 内的运动过程示意图

(a) 右弯结；(b) 右弯结运动过程中的中间稳定状态；(c) 右弯结在一个运动周期后的稳定结构

3.4.2　LC 和 RC 的运动过程

LC 的运动过程如图 3－4 所示，它也是在一个运动周期 $2b$ 内通过稳定状态之间的相互转化实现运动。

其中图 3－4(a) 为 LC 发生运动时的初始构型，图 3－4(b) 为运动过程中所经历的第一个中间稳定状态，图 3－4(c) 为运动过程中所经历的第二个中间稳定状态，图 3－4(d) 为一个运动周期后与 LC 初始结构相同的稳定状态。与 LK 和 RK 不同的是，它在运动过程中有两个中间稳定状态，如图 3－4(b) 与 3－4(c) 所示。在外加剪切应力作用下，LC 从图 3－4(a) 所示的初始构型开始运动。原子 1,4 按箭头所示方向相互靠近，形成新的共价键。由于原子 4,5 间的键被拉长，发生断裂，形成图 3－4(b) 所示的 LC 运动过程中的第一

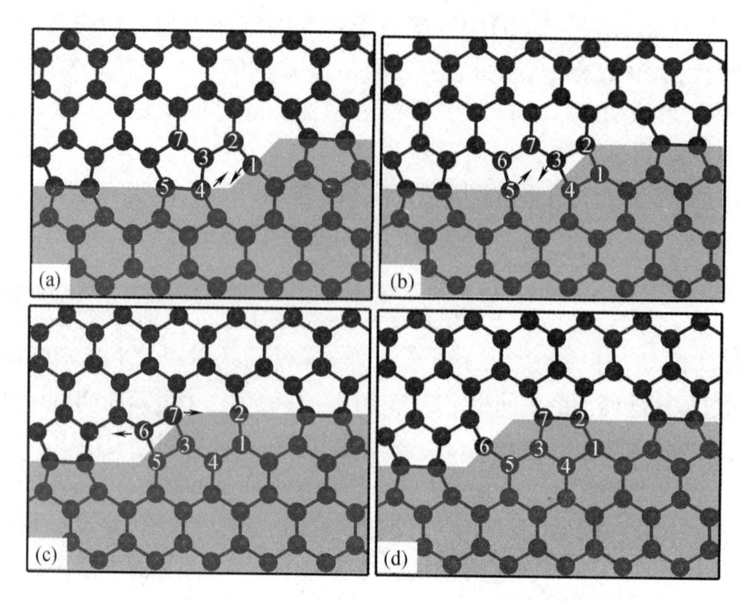

图 3 -4　{111}面上左弯结 - 重构缺陷在一个运动周期内的运动过程示意图

(a) 左弯结 - 重构缺陷的初始结构;

(b) 左弯结 - 重构缺陷运动过程中的第一个中间稳定状态;

(c) 左弯结 - 重构缺陷运动过程中的第二个中间稳定状态;

(d) 左弯结 - 重构缺陷在一个运动周期后的稳定结构

个中间稳定状态。在这个中间稳定状态中,在外力作用下原子 3,5 按箭头所示方向相互靠近,形成新的共价键。同时原子 2,3 间的键被拉长,发生断裂,形成图 3 -4(c)所示的 LC 运动过程中的第二个中间稳定状态。同样,在图 3 -4(c)中,原子 6,7 间的键在外加剪切应力作用下按箭头所指方向相背运动,随着原子 6,7 间共价键的断裂,2,7 间重新成键,形成图 3 -4(d)所示的 LC 在一个运动周期之后的稳定结构。LC 通过不断重复以上运动过程,沿着位错线方向一直向左运动,当它运动出左边边界的时候,由于周期性边界条件的作用,会和 LK 一样从模型右边界进入模型。另外,从图 3 -4 中还发现 LC 在运动过程中所有的稳定状态中中心原子只含有三个共价键。相对于 LK 和 RK 的四键饱和结构,这种三键结构称为不饱和结构。正是这种微观结构的差异导致了弯结运动特性的不同,本章将在下面的部分详细讨论。

RC 的运动过程和 LC 的运动过程相类似,它也是在一个运动周期 $2b$ 内通过稳定状态之间的相互转化实现运动。在 RC 的转化过程中存在两个中间稳定状态,如图 3 -5 所示。

其中图 3 -5(a)为 RC 发生运动时的初始构型,图 3 -5(b)为运动过程中所经历的第一个中间稳定状态,图 3 -5(c)为运动过程中所经历的第二个中间稳定状态,图 3 -5(d)为一个运动周期后与 LC 初始结构相同的稳定状态。在图 3 -5(a)所示的 RC 的初始构型中,连接原子 1,2 的键按图中箭头方向发生旋转。原子 1,3 间键断开后,原子 2 与 3 形成新的共价键,如图 3 -5(b)所示。通过以上过程,RC 实现了初始状态到第一个中间稳定状态之间的转化。这个稳定状态存在一定时间后原子 2,5 间键发生旋转,2,4 间键被拉长而断开。同时原子 4,5 间形成新的共价键,如图 3 -5(c)所示。这样 RC 就实现了两个中间稳定状态之间的转化。同样,在 RC 的第二个中间稳定状态中,原子 4,6 间的键发生了如图所示的旋转。旋转后,原子 4,5 间键断开,原子 5 与原子 6 重新成键。同时,原子 8 在外力作用下按图中箭头所示方向发生运动,原子 5,8 间键断开,8 与原子 7 重新成键。以上过程完成

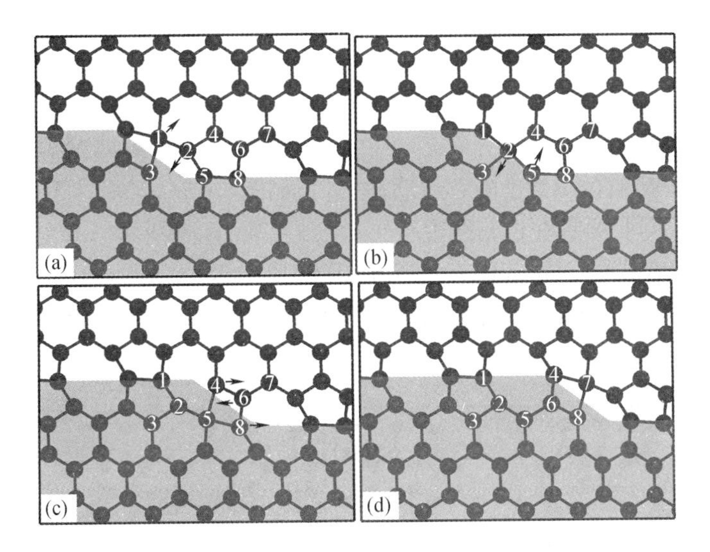

图3-5 {111}面上右弯结-重构缺陷(RC)在一个运动周期内的运动过程

(a)右弯结-重构缺陷的初始结构;
(b)右弯结-重构缺陷运动过程中的第一个中间稳定状态;
(c)右弯结-重构缺陷运动过程中的第二个中间稳定状态;
(d)右弯结-重构缺陷在一个运动周期后的稳定结构。

后,形成一个周期后RC的稳定结构,如图3-5(d)所示。重复以上一个运动周期内的过程,RC沿着位错线方向一直向右运动。RC的中心原子与其他弯结的都不相同,为含有五个共价键的过饱和结构,这一差异同样造成了RC运动特性与其他弯结的不同。

3.4.3 运动过程中弯结之间的相互作用

通过上面的结果可知,LK和RK在温度和剪切应力较小条件下通过稳定状态之间的转化来实现运动。但是,当温度和剪切应力较大时,LK和RK的运动过程发生了变化。其中LK在运动过程中位错线上出现了一个或多个弯结对结构。弯结对出现后参与了LK的运动过程,其过程如图3-6所示。图3-6(a)为未出现弯结对时LK的初始结构和在模型中的位置。在图3-6(b)中,LK左侧出现了由LK和RK组成的弯结对。弯结对中的RK在外加剪切应力作用下向右运动,与向左运动中的LK相遇发生了湮灭。这样弯结对中的LK被留在了位错线上,形成了图3-6(c)中的结构。从运动过程可以看出,由于出现了弯结对,使得单个LK的运动转化为多个弯结之间的协调运动。在相同长度的位错段中,这显然比单个

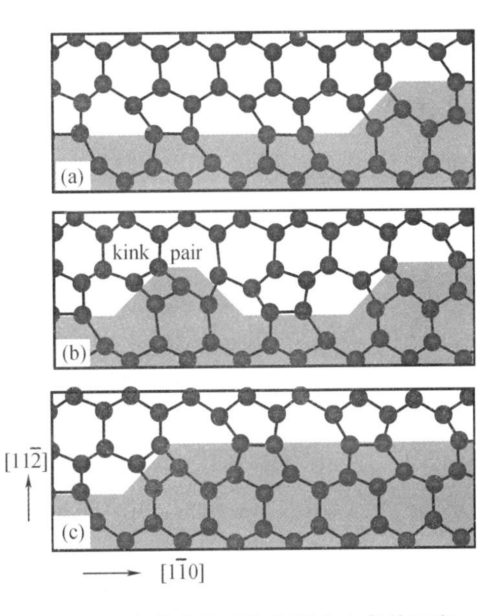

图3-6 在较高温度和剪切应力条件下有弯结对参与的LK运动过程示意图

弯结的运动速度要快。

当温度和剪切应力较大时,RK 在运动中产生了分解,形成了 RD + RC 的结构,如图 3-7(b)所示。Bulatov[36]等人在他们的研究中也发现了 RK 的分解,并且从能量上证明了 RK 的分解要比 LK 的分解容易。分解后,RC 沿着位错线按图 3-5 中所示的过程向右运动。同时,含有一个悬键的 RD 也向右运动,其过程如图 3-7(c)~3-7(e)所示。由于 RD 和 RC 运动速度的不同,两者在位错线上会再次相遇,从而重新形成 RK 结构,如图 3-7(f)所示。这样,单个 RK 的运动就转化为 RC 和 RD 的协调运动过程。由于 RC 和 RD 的运动过程及速度与 RK 有很大区别,因此分解后的 RK 的运动过程及运动速度相对于单弯结结构也会发生很大的改变。

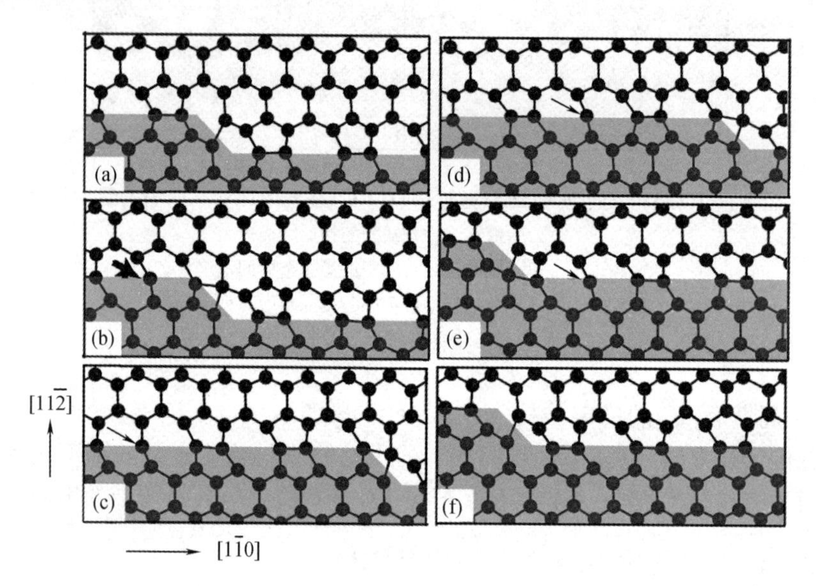

图 3-7 温度和剪切应力较大时 RK 分解为 RC + RD 结构及 RC 的运动过程示意图

3.4.4 弯结的速度特性

从图 3-2~图 3-7 可以看出,在 30 度部分位错的运动过程中,不但存在着弯结通过稳定状态之间的转化实现的运动,而且存在着弯结的形成、分解及协调运动。因此它的运动过程非常复杂。特别是纯弯结结构(LK 和 RK),它们在不同的温度和剪切应力条件下存在着不同的运动过程。为了进一步研究 30 度部分位错复杂的运动特性,本章给出了 LK 和 RK 在各种温度和剪切应力条件下的速度特性,如图 3-8 所示。

从图中可以看出,当温度和剪切应力较小时,在相同的条件下 RK 的运动速度要快于 LK,但是在正常运动时它们的速度都非常低。当温度升高到 1 050 K,剪切应力达到 2.5 GPa 时,LK 中出现了多弯结对结构,LK 的运动速度突然增大。在相同的外界条件下,RK 分解产生了 RD + RC 结构,相应的运动速度也快速增大。RK 在 2 GPa 条件下,当温度达到 1 150 K 时也出现了同样的分解现象,并且速度也随之快速增大。以上现象表明,在 30 度部分位错运动中 LK 中出现的多弯结对结构能够加速位错的运动。这也验证了在具有较高 P-N 势垒的 Si 中,30 度部分位错以弯结对的形成和迁移的形式实现运动的结论[14]。同时,RK 分解所产生的 RC + RD 结构也加快了位错的运动速度。在图 3-7 中可以看出,

RK 分解后主要是 RC 的运动,而在图 3－8 中较高温度和剪切应力条件下速度的比较后发现 RK 的速度要比 LK 的速度大,这就说明了 RC 是 30 度部分位错中运动比较快的一种弯结形式。

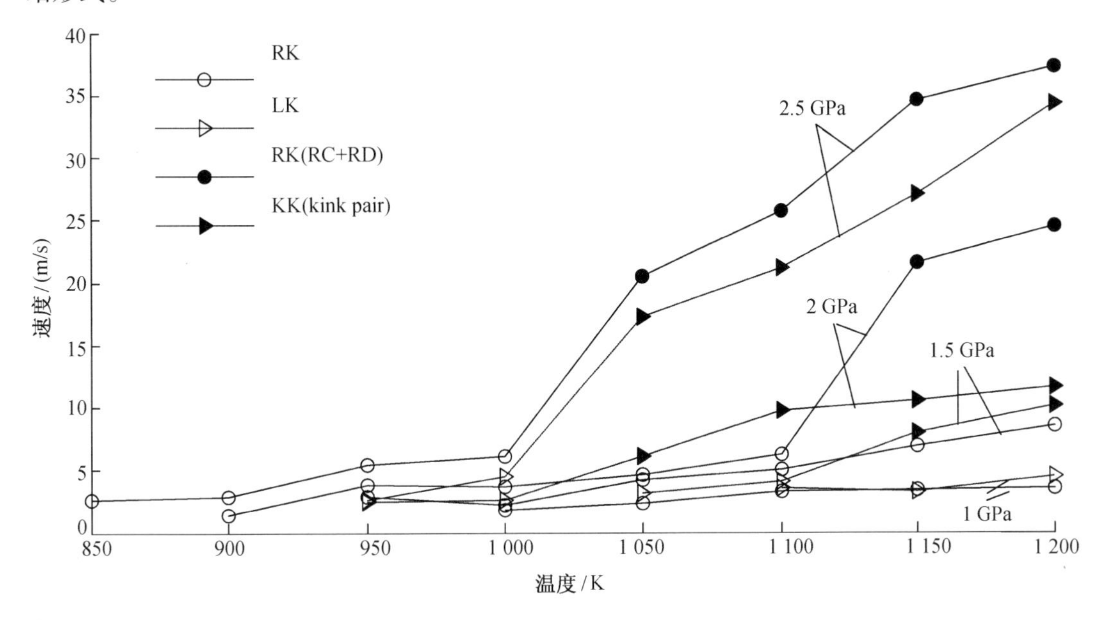

图 3－8　LK 和 RK 在不同温度和剪切应力条件下的速度特性曲线

3.5　弯结的迁移势垒

根据 Hirth 和 Lothe[14] 的位错运动的活化能(Q)理论,Si 中位错的运动主要与位错的形成能(F_k)和迁移势垒(W_m)有关。在以前有关 30 度部分位错的研究中,一致认为位错的迁移势垒并非形成能控制着位错的运动能力[62, 65]。因此,为了验证本章分子动力学计算结果的正确性,同时从理论上对 30 度部分位错复杂的运动过程及物理现象给出一个合理的解释,本章采用基于紧束缚势函数(TB)的 NEB 方法对 30 度部分位错中四种弯结在一个运动周期内的迁移势垒(W_m)进行精确计算。

在 NEB 计算中,为了得到 LK,RK,LC 和 RC 在一个运动周期内的最低能量路径(MEP),根据图 3－2～图 3－5 中弯结运动过程中所出现的稳定结构建立相对应的 14 个小模型。其中,有关 LK 和 RC 的所有 NEB 计算模型中包含 540 个原子,有关 RK 和 LC 的所有 NEB 计算模型中包含 612 个原子。对于其中每一种弯结,将运动过程中的前一个稳定状态作为 NEB 的初始状态输入,紧接着的后一个稳定状态作为 NEB 的最终状态输入。计算过程中初始状态和最终状态之间插入 20 个状态点进行计算,每次 NEB 计算持续 300 步。计算完成后就得到了两个稳定状态之间的最低能量路径。当所有稳定状态之间的 MEP 都得出后,连在一起就形成了一个运动周期内的最低能量路径。之后将最低能量路径中所有的能量值对弯结的初始结构的能量取相对值,就得到了一个运动周期内的相对最低能量路径。利用 NEB 方法所得到的 LK,RK,LC 和 RC 的一个运动周期内的最低相对能量路径如图 3－9 所示。在图 3－9 中相对最低能量路径的最高点和最低点的差值即为该弯结在一个运动周期内的迁移势垒。本章利用 TB 所得到的 LK,RK,LC 和 RC 的迁移势垒列在表 3-1 中。为了方便比较,我们将 Bulatov 等人[36]利用 SW 势函数的计算结果、Nunes 等人[37]利用 TBTE 的计算结果以及 Blumenau 等人[28]利用 DFTB 的计算结果也列在表 3-1 中。

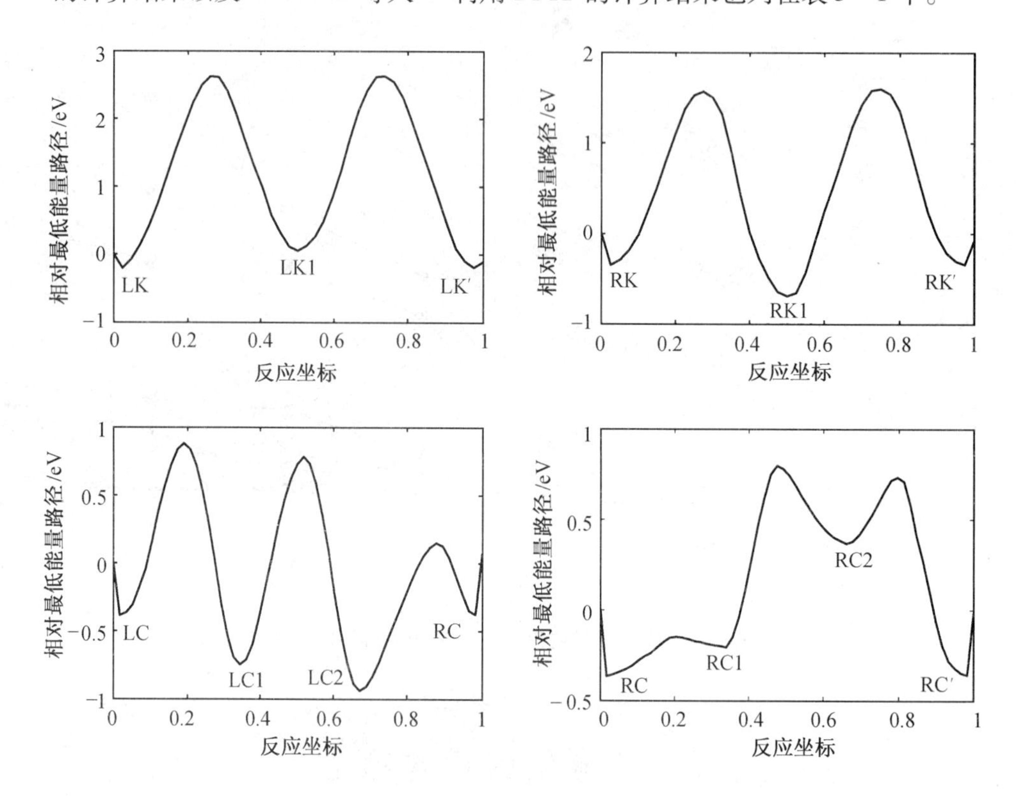

图 3-9 LK,RK,LC 和 RC 在一个运动周期内的相对最低能量路径图

表 3-1 利用不同方法计算出的 LK,RK,LC 和 RC 在一个运动周期内的迁移势垒 (单位:eV)

作者(势函数)	W_m(LK)	W_m(RK)	W_m(LC)	W_m(RC)
Bulatov 等(SW)[36]	0.82	0.74	0.22	1.04
Nunes 等(TBTE)[37]	1.52	2.03	0.49	0.8
Blumenau 等(DFTB)[28]	3.5	2.7	—	—
本章(TB)	2.84	2.29	1.82	1.12

在以前的研究中,人们利用试验方法得到了失配位错的迁移势垒为 1.2 eV[66] ~1.8 eV[67]。从表 3-1 中可以看出本章的计算结果相对于试验值以及 Bulatov 等人和 Nunes 等人的计算结果要大。但是考虑到试验中所测得的迁移势垒既包含 30 度部分位错,又包含 90 度部分位错[67]。90 度部分位错相对于 30 度部分位错更容易移动,这说明单纯的 30 度部分位错的迁移势垒值应该比试验值要大。从以上分析可以得出本章的计算结果与实际物理现象是一致的;同时,本章所得到的 RK 的迁移势垒 2.29 eV 与利用第一性原理方法计算所得到的 2.1 ±0.3 eV[63] 非常吻合。

3.6 结果讨论

通过弯结运动过程分析可知,弯结运动过程中伴随着原子键的旋转、断键和重新成键。因此,具有不同微观结构的弯结的运动特性也不相同。对于LK和RK,它们的中心原子为含有四个共价键的饱和结构,原子成断键比较困难。所以LK和RK的迁移势垒比较大。而LC中心原子的不饱和结构和RC中心原子的过饱和结构导致了它们在运动过程中原子较容易成断键,相对应的迁移势垒就比较小。微观结构的差异导致了如表3-1中所示的LK和RK的迁移势垒要比LC和RC的大。由此可以得出一个结论:弯结的微观结构决定了它们的运动特性。由于LC和RC是由LK和RK结合RD后得到的,因此可以得出RD在运动中降低了LK和RK的迁移势垒,从而加快了位错的运动。

对比分子动力学和表3-1中的迁移势垒可以得到,LK和RK的迁移势垒是四种弯结中最大的,因此对应的图3-8中LK和RK在较低温度和剪切应力的条件下运动速度非常小。但是由于LK的势垒值要大于RK,导致了同等条件下LK的速度小于RK。四种弯结中,RC的迁移势垒是最小的,所以RK分解为RC+RD结构后位错速度大幅上升。分子动力学结果和能量结果的相互验证证明了本章计算结果的正确性。

3.7 本章小结

本章利用分子动力学方法研究了30度部分位错的运动特性。通过在不同温度和剪切应力条件下的计算得到了LK,RK,LC和RC在一个运动周期内的详细运动过程。分析后发现LC,RC以及在较低温度和剪切应力条件下的LK和RK通过稳定状态之间的转换实现运动。而当温度和剪切应力较高时,LK中出现了一个或多个弯结对结构,RK分解产生了RC+RD结构。LK和RK在不同条件下的速度曲线表明两种现象都可以加速30度部分位错的运动。

另外,本章利用基于TB的NEB方法计算出了LK,RK,LC和RC在一个运动周期内的迁移势垒。计算结果表明,四种弯结的势垒值与动力学结果相互验证,证明了本章动力学结果的正确性。同时,两种结果都表明弯结的运动特性是由它们的微观结构决定的。正是由于这个原因,可以改变弯结结构的RD的引入降低了纯弯结的迁移势垒,提高了30度部分位错的运动能力。

第4章　90度部分位错的运动特性

4.1　引　　言

由3.1节可以得出90度部分位错是异质结构中另外一种重要的失配部分位错形式[25, 27-29]。与30度部分位错相类似,90度部分位错也位于{111}面内沿着<110>方向分布。1979年,Hirsch[68]提出了90度部分位错的位错芯为了降低自身能量会进行重构。重构之后晶体的镜面对称被破坏,位错芯原子形成含有四个共价键的稳定结构。由于重构后沿位错方向的周期为单个晶体周期b,因此这种重构方式称为单周期重构(Single Period:SP)。在很长一段时间内,SP结构被一致认为是90度部分位错中最稳定并且可以长期存在的结构。因此,人们对SP的微观结构[31, 37-39, 61, 69]及SP结构中弯结的运动特性[37, 61, 69-71]进行了大量的研究。在后来的研究中,Bennetto[40]等人在SP重构的基础上提出了另外一种重构结构。这种重构中,在SP的基础上引入了交替存在的弯结,使沿位错方向的周期变为$2b$,$2b$称为双周期重构(DP,Double Period)。同时,Bennetto[40]等人指出DP结构要比SP结构在能量上更低,结构更稳定。在SP和DP稳定性比较中,能量结果受计算中所使用的边界条件影响比较大。Lin等人[72]利用同样的计算方法在圆柱形模型与周期性边界条件模型中对两者进行了比较,同样得出了DP结构要比SP结构稳定。Nunes等人[73]比较了单晶C,Si,Ge中SP和DP的稳定性,发现虽然两者重构后的位错芯都是含有四个共价键的稳定结构,但是DP要比SP更稳定。这主要是因为DP在重构中原子键长的变化相对于SP要小,因此重构中引起的局域应力相对于SP要小[73]。同时,Valladares等人[74]计算了SP结构和DP结构的能量,发现DP结构的能量比SP结构的能量低0.032 eV/Å^{-1},并且证明了在晶体熔化之前90度部分位错主要以DP结构的形式存在。

但是,在Valladares等人[75]的另外一项研究中却发现,考虑了零点能量之后,两种结构的能量差值减小到了0.029 eV/Å。另外,他们发现在位错开始运动时(温度大于800 K)这一值减小到了0.023 eV/Å,由此得出当位错开始运动时,两种重构形式应该同时存在于晶体中[75]。而在之后的实验研究中,Spence等人[76]利用一种新的电子衍射方法直接观察到了SP和DP同时存在时的原子结构。另外,虽然双周期结构在0 K下比单周期结构更稳定,但是以上的所有计算分析中并没有考虑位错运动时需要的另外一个必要因素:应力。由于90度部分位错双周期结构可以看成由单周期结构引入交替的弯结构成,因此,在剪应力作用下,构成双周期结构位错芯的交替存在的弯结会在应力作用下发生湮灭,从而重新转换为单周期结构[77]。另外,即使弯结没有发生湮灭,单周期结构仍然可以看成是双周期结构的基础。因此,对单周期结构运动特性的研究,对双周期结构也有非常重要的意义。

从以上分析可以看出,单周期结构的运动特性和双周期结构的运动特性同样重要。在以前的理论研究中,人们对90度部分位错运动特性的研究主要是建立在位错活化能(Q)理论基础上的[37, 61, 69-71]。由于Si中的P-N势垒比较大,位错主要以弯结对的形成和弯结沿着位错线的迁移的形式实现运动的。根据Hirth-Lothe模型[14],位错的速度V_{dis}由活化能Q

控制

$$V_{\rm dis} \propto {\rm e}^{-Q/(kT)} \quad (4-1)$$

其中,Q 由单个弯结的形成能 E_f和迁移势垒 W_m构成。在长位错段中

$$Q = E_f + W_m \quad (4-2)$$

在短位错段中

$$Q = 2E_f + W_m \quad (4-3)$$

位错运动过程中,E_f控制着热平衡状态下位错线上弯结的平衡密度和成核率(稳定型),W_m控制着弯结的运动速率。因此,90 度部分位错运动特性的研究转化为其弯结的形成能和迁移势垒的求解。

本章在将在已知的 DP 和 SP 结构中弯结的基础上,研究其复杂的运动特性。

4.2　DP 结构的运动特性

4.2.1　计算方法选择

由于是计算 90 度部分位错 DP 结构的形成能 E_f和迁移势垒 W_m等能量值,对计算结果的精度要求比较高。分子模拟方法中,基于第一性原理的计算方法精度最高。但是它所能处理的系统的规模受限制,只能处理几十及上百个原子。而在本章的计算中,为了采用三边周期性边界条件,必须使用位错偶极子模型。在这种模型中,必须考虑偶极子中位错之间的相互作用以及位错与它周围的映像之间的相互作用对计算结果的影响。为了降低由于模型尺寸对计算结果的影响,计算中模型规模会相对很大,使得基于第一性原理的计算方法无法适用。基于经验势函数的分子动力学方法虽然能够处理上万个原子的体系,但是由于热涨落等原因,它无法满足能量计算的精度要求。因此,本章选择基于半经验势函数(TB)的分子模拟学方法。这样,既能满足计算的精度要求,又可以适用于较大规模的计算。

其中,在 DP 结构弯结形成能的计算中,采用基于半经验势函数(TB)的分子动力学方法。在弯结一个周期内运动过程迁移势垒的计算中,本章采用和第 3 章相同的基于半经验势函数(TB)的 NEB 方法。具体参数设置将在计算过程中详细介绍。

4.2.2　90 度部分位错双周期结构(DP)及其弯结模型

为了在计算中使用三边周期性边界条件,需要保持模型在边界处的完整性。单根位错的引入会因为位错的畸变而在模型边界处产生晶格不匹配,无法使用周期性边界条件。本章在模型中引入了含有相反 Burgers 矢量的位错偶极子,使模型整体 Burgers 矢量为零,从而保持了模型在边界处的完整性。图 4 - 1 中所示是 90 度部分位错中双周期直位错、左弯结、右弯结偶极子模型在{111}面内的示意图。在随后的分子动力学及 NEB 计算中,所使用的模型三边矢量为 1.5[111]、6[11 -2]和 8[1 -10],包含 864 个原子。位错沿[1 -10]方向分布,位错线之间为 3[11 -2]的层错区。从图 4 - 1 中可以看出,左弯结和右弯结也是以偶极子的形式引入的。其中,在左弯结中模型左半部分的位错和层错区同时向上平移了一个弯结高度。在右弯结中,模型右半部分的位错和位错之间所夹的层错区同时向上平移了一个弯结高度。它们的引入相对于 DP 结构直位错模型并没有改变位错之间堆垛层错的面积。

为了判断计算所得的能量结果的正确性，将利用基于 T_3 势函数的分子动力学方法计算 90 度部分位错的双周期结构中左弯结和右弯结的形成能，与半经验势函数结果进行比较。其中，计算所用的模型三边矢量为 6[111]、18[11 -2]和 16[1 -10]，包含 13824 个原子。模型的形状与图 4 -1 中所示基本类似，偶极子中两个位错之间相隔为 9[11 -2]。

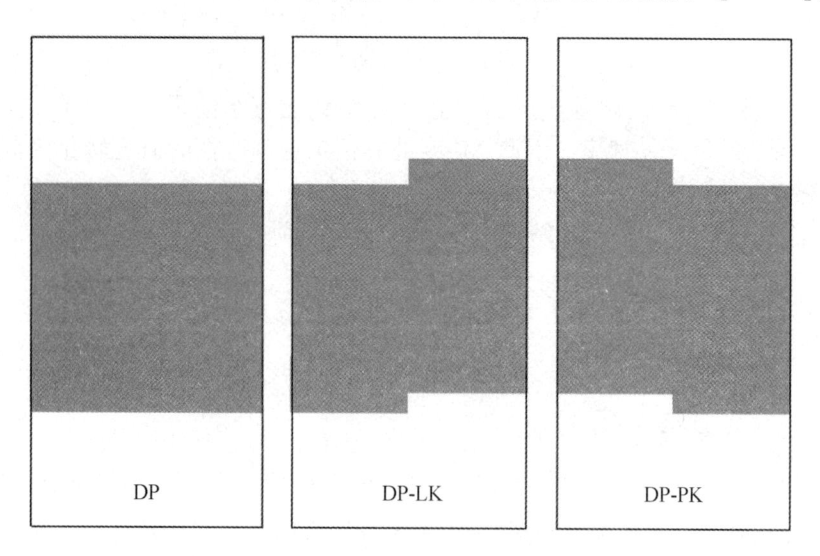

图 4 -1　90 度部分位错中双周期直位错、左弯结、右弯结偶极子模型在(111)面内的示意图

其中阴影部分表示层错区

4.2.3　DP 中弯结的运动过程

1. 左弯结的运动过程

90 度部分位错的双周期结构中，沿位错方向以 $2b$ 为周期。所以左弯结在运动过程中以 $2b$ 为一个运动周期向左运动，运动过程如图 4 -2 所示。其中图 4 -2(a)为 Bennetto[40] 等人给出的 DP 中左弯结的微观结构，其中图 4 -2(b)为左弯结运动过程中的中间稳定状态，图 4 -2(c)为一个运动周期后与初始状态具有相同微观结构的稳定状态。运动过程中，它通过不同稳定状态之间的转化实现运动。具体过程为：图 4 -2(a)中连接原子 4、5 的键发生如图中箭头所示的旋转。旋转过程中，原子 3、4 之间，5、6 之间的键长被拉长发生断裂，原子 3 与 5，4 与 6 相互靠近重新成键，形成图 4 -2(b)中所示的中间稳定结构。这样 DP 中左弯结就实现了从初始结构到中间稳定状态之间的转化。与以上过程类似，图 4 -2(b)中连接原子 2、3 的键发生如图中箭头所示的旋转。旋转过程中，原子 1、2 之间，3、5 之间的键长被拉长发生断裂，原子 1 与 3，2 与 5 靠近之后重新成键，形成图 4 -2(c)中所示的一个周期后的稳定结构。通过以上过程，左弯结实现了一个运动周期内的运动，向左迁移了 $2b$。在实际运动过程中，左弯结通过这种周期的运动在外力作用下不停地向左运动。当它运动出左边界时，由于周期性边界条件的作用，左弯结从模型右边界进入模型。

2. 右弯结的运动过程

90 度部分位错 DP 中右弯结的运动过程如图 4 -3 所示，它也是在一个运动周期 $2b$ 内通过稳定状态之间的相互转化实现运动。与左弯结的运动过程相类似，它在运动过程中也有一个中间稳定状态,如图4-3(b)中所示。运动过程中,左弯结从图4-3(a)中所示的初始构型开始运动。连接原子4、5间的键按箭头所示方向旋转,原子3、4间以及原子5、6间的键被拉长而发生断裂。与此同时,原子3、5以及原子4、6之间相互靠近,形成新的共价键。整个过程发生后形成了图4-3(b)所示的中间稳定状态,从而实现了左弯结在半个运动周期内的运动。在图4-3(b)所示的中间稳定状态中,连接原子2、3之间的键按箭头所示方向旋转,原子1、2间以及原子3、5间的键被拉长而发生断裂。同时,原子1、3,2、5之间相互靠近,形成新的共价键,如图4-3(c)中所示。通过以上过程,右弯结实现了一个运动周期内的运动,向右迁移了2*b*。在实际运动过程中,右弯结通过这种周期性的运动在外力作用下不停地向右运动。当它运动出右边边界的时,由于周期性边界条件的作用,右弯结从模型左边界进入模型。通过图4-2和图4-3所示的运动过程可以看出,DP中弯结的运动过程即稳定状态之间的转化过程,也是弯结中心原子键的旋转、断键和成键的过程。这一点和30度部分位错中弯结的运动相类似。

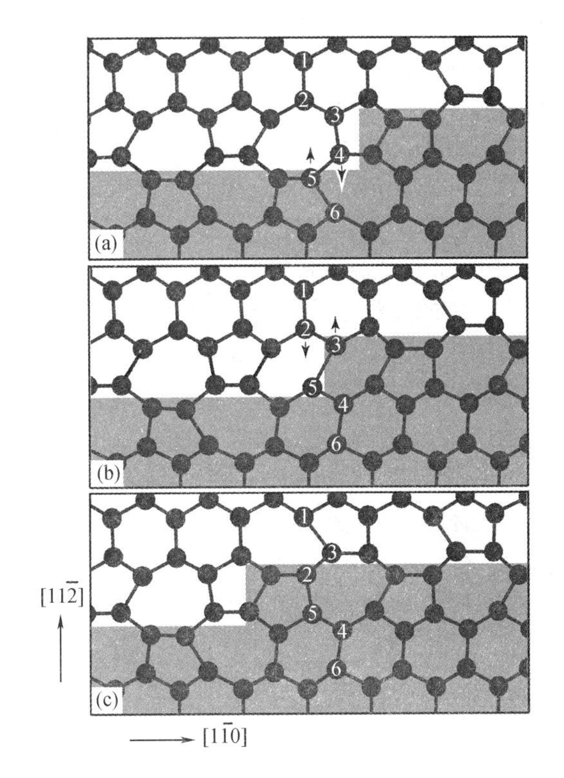

图4-2 (111)面上双周期左弯结在一个周期2*b*内的运动过程

(a) 双周期结构中左弯结的初始结构;
(b) 左弯结运动过程中的中间稳定状态;
(c) 一个运动周期后左弯结的稳定结构

4.2.4 弯结形成能的计算

弯结形成能的计算中采用NPT系综,即体系中原子个数*N*、压力*P*和温度*T*在计算中保持恒定。同时,计算中使用三边周期性边界条件,时间步长设为1 fs。为了获得最终稳定结构的能量,采用共轭梯度法(CG,Conjugate Gradients)在0 K和无压力条件下对体系坐标进行优化。优化过程设为2 000步,当体系中原子间作用力小于0.01 eV/Å时优化停止。

DP中左弯结和右弯结形成能通过以下过程得到。首先利用上述方法计算出含有DP直位错偶极子稳定结构的总能量。其次,利用同样的方法分别得到含有左弯结和右弯结结构的体系的总能量。含有弯结结构体系的能量与直位错体系的能量差值即为该种弯结的形成能。在能量计算过程中对精度要求比较高,所以需要讨论对计算结果可能产生影响的一些因素。第一个是层错区能量。从图4-1可以看出,位错偶极子之间以层错相连。在能量计算过程中,层错区能量也被计算在内。考虑到弯结形成能的计算是通过两种模型能量差得到的,而且弯结的引入没有改变层错区的面积,所以层错区能量在能量求差的过程中被减掉了,这样就不用考虑层错区能量对形成能结果的影响。第二个需要考虑的因素是模型中位错偶极子之间的相互作用。由于模型的规模比较小,组成偶极子的两个位错之间肯定存在相互作用。同时,周期性边界条件的应用使得偶极子和它的映像之间也存在一定的相互作用。从图 4-1 中可以看出,左弯结和右弯结的引入没有改变位错之间的距离。这就意味着在直位错模型、左弯结模型和右弯结模型中位错之间的相互作用是相等的。因此,在能量求差值的过程中这部分能量也被减掉了。第三个需要考虑的因素是模型中弯结之间的相互作用。由于周期性边界条件的应用,弯结与它的映像之间存在着相互作用。Valladares 等人[78]利用线弹性理论计算了 SP 中两个弯结之间的相互作用。他们发现当弯结在[1-10]方向相距为 2[1-10]时相互作用小于 0.02 eV,可以忽略。在本章的模型中,弯结和它的映像相距为 8[1-10],因此也可以忽略。

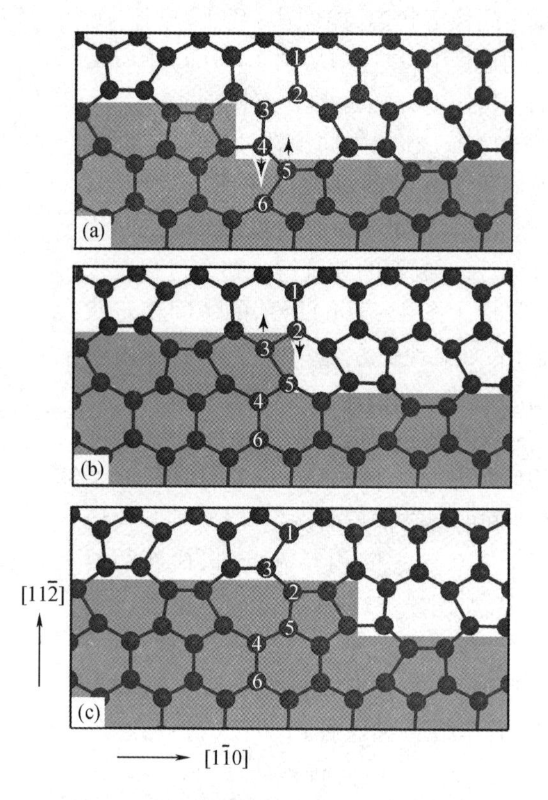

图 4-3 (111)面上双周期右弯结在一个运动周期 $2b$ 内的运动过程

(a) 双周期结构中右弯结的初始结构;
(b) 右弯结运动过程中的中间稳定状态;
(c) 一个运动周期后右弯结的稳定结构

通过以上方法计算出 DP 中左弯结的形成能 E_f(DP-LK)=0.59 eV,右弯结的形成能 E_f(DP-RK)=0.53 eV。利用同样的原理,本章利用 T_3 势函数也对 DP 中左弯结和右弯结的形成能进行了计算。得出左弯结的形成能 E_f(DP-LK)=0.44 eV,右弯结的形成能 E_f(DP-RK)=0.465 eV。两种不同精度势函数的计算结果都表明左弯结与右弯结的能量机乎一样。两者能量结果对比后发现,经验势函数结果与半经验势函数结果相差并不是很大,它们基本上是一致的。对利用 TB 计算出的两个形成能求平均可得出用于活化能计算的形成能为 E_f=0.56 eV。在试验结果中,Kolar 等人[65]利用电子显微镜(electron microscopy)方法观察到了 90 度部分位错的弯结结构,并且得出了弯结的形成能为0.727 eV。Gottschalk 等人[79]利用透射电镜(TEM)方法得到弯结的形成能为0.4 eV。本章的结果正好落在了两个实验数值之间。

4.2.5 弯结迁移势垒的计算

NEB 方法是计算相邻状态之间最低能量路径的有效方法。本章将利用它和基于半经验势函数(TB)计算图 4-2 和图 4-3 中所示的一个运动周期过程中的迁移势垒值。在每次计算中,将图 4-2 和图 4-3 中左弯结或者右弯结运动过程中的前一个稳定状态作为 NEB 计算的初始状态输入,将弯结运动过程中紧接着的稳定状态作为 NEB 的最终状态输入。为此,针对图 4-2 和图 4-3 中的微观结构建了与之相对应含有偶极子的 6 个模型。每个模型三边矢量为 1.5[111]、6[11-2]和 8[1-10],包含 864 个原子。NEB 计算中,两个稳定状态之间设定 24 个插值点,弹性系数设为 0.5,计算步长为 1 fs。整个 NEB 求解过程为 300 步。NEB 计算完成后,就得到了两个相邻稳定状态之间的最低能量路径。然后将上次计算中 NEB 的最终状态作为下次计算的初始状态输入,将运动过程中一个周期后的稳定状态作为 NEB 计算的最终状态输入,进行和前两个稳定状态相类似的计算。当弯结一个运动周期内所有稳定状态之间的最低能量路径都得出后,连在一起就形成了一个运动周期内的最低能量路径。之后将最低能量路径上所有能量值对弯结初始结构的能量取相对值,就得到了一个运动周期内的相对最低能量路径。利用 NEB 方法所得到的 DP 中左弯结和右弯结在一个运动周期内的最低相对能量路径分别如图 4－4 和图 4－5 所示。图中最高点和最低点的差值即为该弯结在一个运动周期内的迁移势垒。

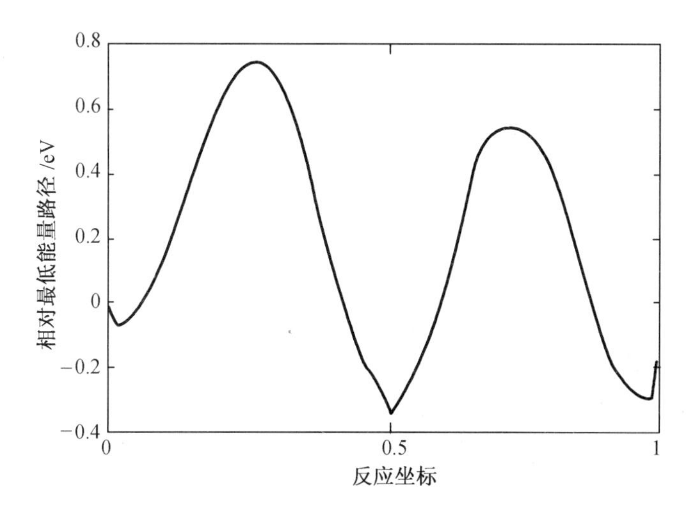

图 4－4　DP 中左弯结在一个运动周期内的相对最低能量路径

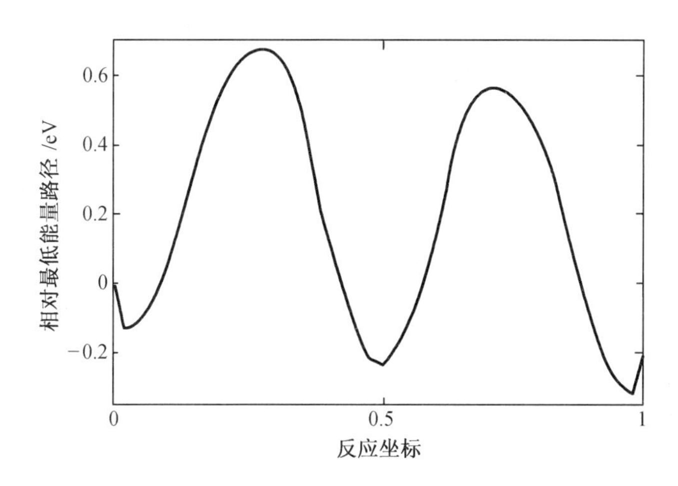

图 4－5　DP 中右弯结在一个运动周期内的最低相对能量路径

图 4－4 和图 4－5 中横坐标为反映坐标,以 $2b$ 为周期(坐标中为 1)。因此横坐标中 0.5 处对应于弯结运动过程中的中间稳定状态的相对能量值。由于图 4－2 和图 4－3 中左弯结和右弯结的运动过程相类似,对应的在图 4－4 和图 4－5 中的相对最低能量路径也比较相似。从图 4－4 和图 4－5 中相对最低能量路径上最高点和最低点的差值求出左弯结的

迁移势垒为 W_m(DP - LK) = 1.1 eV,右弯结的迁移势垒为 W_m(DP - RK) = 1.01 eV。由结果可以看出,两者数值非常接近。对求出的左弯结和右弯结的值求平均可得出用于活化能计算的 DP 弯结形成能为 W_m(DP) = 1.05 eV。Kolar 等人[65]利用电子显微镜方法所得到的 90 度部分位错的迁移势垒为 1.2 eV。这与本章计算的结果非常接近。

4.2.6 结果及讨论

由计算所得到的 DP 中弯结的形成能(0.56 eV)以及迁移势垒(1.05 eV),利用式(4-2)可以得出长位错段中活化能 Q = 1.61 eV,短位错段中 Q = 2.17 eV。这两个结果正好将试验结果 Q = 1.97 ± 0.2 eV[65]包括在其中。另外,对比弯结的形成能和迁移势垒可以看出,迁移势垒相对于形成能要大。这说明 90 度部分位错的运动主要受弯结的迁移势垒控制。这一结论与 Oyama 等人[62]以及 Kolar 等人[65]的结论是一致的。

4.3 SP 结构的运动特性

4.3.1 SP 结构中弯结的微观结构

90 度部分位错的位错芯在单周期重构过程中可以形成重构缺陷和多种弯结形式。Nunes 等人[80,81]用第一性原理的方法研究了四种可能的弯结的微观结构,如图 4-6 所示,并对各种弯结的能量进行了对比。根据 Nunes 等人的命名规则,图 4-6(a)中左边原子向左倾斜,右边原子向右倾斜,称为 LR 弯结。图 4-6(b)中左边原子向右倾斜,右边原子向左(left)倾斜,称为 RL 弯结。这两种结构中原子重构方向以弯结为镜面左右对称。在图 4-6(c)和 4-6(d)中,由于含有重构缺陷 RD,所以弯结两边的重构方向相同:LL 的都向左,RR 的都向右重构。通过对比后他们发现 LR 和 RL 弯结形式相对于 LL 和 RR 弯结结构更稳定,可以稳定存在;而 LL 和 RR 弯结会释放重构缺陷。Valladares 等人[71]同样利用第一性原理方法对四种弯结的稳定性进行了对比,得到了一致的结论。

4.3.2 计算方法及模型

为了可以直接观测到单周期结构的运动过程,本章采用可以处理上万个原子在较长时间尺度内动态问题的分子动力学方法。并且,利用基于半经验势函数(TB)的分子模拟方法和 NEB 方法分别计算弯结的形成能和势垒,以验证动力学结果的正确性及与其他文献中的结果进行对比。

分子动力学中需要选择经验势函数描述模型中原子之间的相互作用。SW[49]势函数虽然应用广泛,但是它无法处理 90 度部分位错中位错芯的重构[51]。本章选择可以同时处理 30 度部分位错和 90 度部分位错的 EDIP 势函数。具体模拟计算中使用等温等压系综和三边的周期性边界条件,积分时间步长设为 1 fs。模型中单根位错线的引入会因为位错的畸变而在模型边界处产生晶格不匹配,无法使用周期性边界条件。所以在每个模型中引入了含有相反 Burgers 矢量的位错偶极子,使模型整体 Burgers 矢量为零。为了使弯结能够沿着位错线运动,使用 PR 方法沿 90 度部分位错的柏氏矢量方向施加剪切应力。针对 RL 和 LR 两种弯结,利用分子动力学方法模拟不同温度和剪切应力条件下的详细运动过程。其中温度从 800 K 开始,之后每增加 50 K 做一次计算,最高为 1 200 K。剪应力最低设为 0.5 GPa,

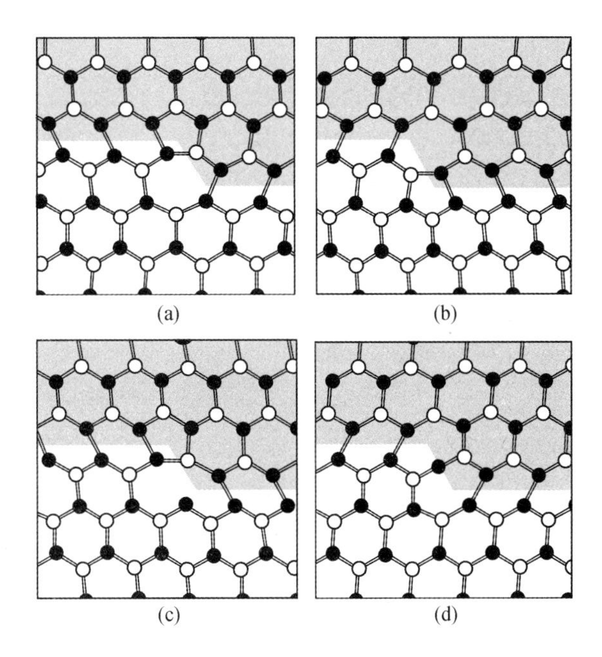

图 4-6　90 度部分位错单周期结构中存在的四种弯结结构

每增加 0.25 GPa 做一次计算，最高取为 2 GPa。每次计算持续 300 ps，每隔 0.1 ps 记录一下模型结构。通过观察所记录的不同时刻的原子构型，可以总结出 RL 和 LR 在不同剪切应力、温度条件下运动的详细过程。

单周期结构直位错模型、RL 和 LR 模型三边矢量为 6[111]，20[-1-12]和 20[1-10]，包含 28 792 个原子。构成偶极子的两位错线之间为间隔 10[-1-12]的层错区。位错偶极子的建立，必须考虑两根位错线之间存在的相互作用以及模型中位错与周期映像之间存在的相互作用对模拟结果产生的影响。在前面已经对模型尺寸对计算结果的影响进行了讨论，在本章的计算中也进行了忽略。能量计算中必须建立尺寸较小的模型，三边矢量为 1.5[111]，6[11-2]和 8[1-10]，包含 864 个原子。为了获得稳定的初始构型，采用退火算法对体系坐标进行优化。首先使系统在 1 000 K 温度下进行弛豫，然后逐渐降低温度直到达到稳定状态。体系优化之后获得的直位错、LR 和 RL 的稳定原子结构如图 4-7 所示。

4.3.3　LR 和 RL 弯结运动过程

90 度部分位错的单周期结构中，沿位错方向以 b 为周期。所以 LR 弯结在运动过程中以 b 为一个运动周期向右运动，运动过程如图 4-8 所示。图 4-8(a)为 LR 弯结初始结构的微观结构，图 4-8(b)为 LR 弯结运动过程中的中间稳定状态，4-8(c)为一个运动周期后与初始状态具有相同微观结构的稳定状态。运动过程中，它通过不同稳定状态之间的转化实现运动。具体过程为：图 4-8(a)中连接原子 1、2 的键发生如图中箭头所示的旋转。旋转过程中，与原子 1 相连接的共价键及与原子 2 相连接的共价键发生断裂，原子 1 向下运动，原子 2 向上运动，形成图 4-8(b)所示的中间稳定结构。这样 LR 弯结就实现了从初始结构到中间稳定状态之间的转化。在图 4-8(b)的基础上原子 1、2 继续运动，形成图 4-8(c)中所示的一个周期后的稳定结构。通过以上过程，LR 弯结实现了一个运动周期内的运动，向右迁移了 b。在实际运动过程中，LR 弯结通过这种周期的运动在外力作用下不

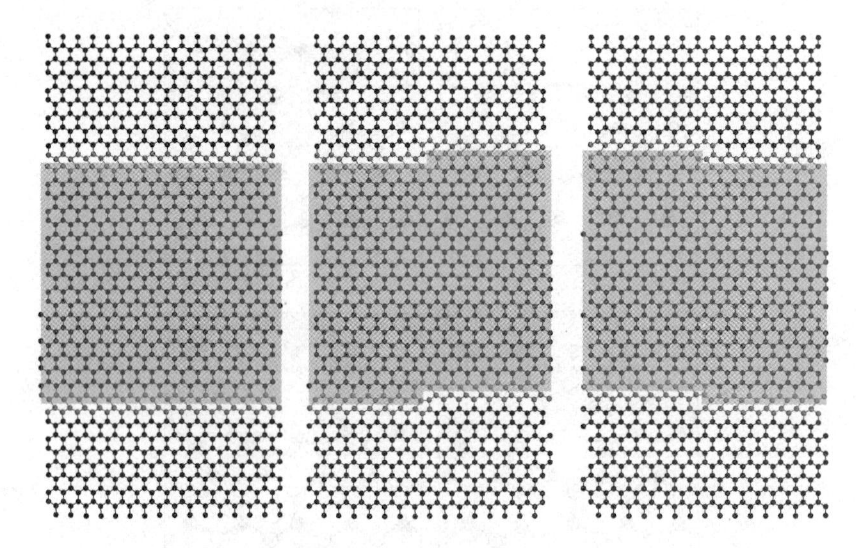

图 4-7 单周期结构直位错模型、LR 模型和 RL 模型在(111)面内的投影

阴影部分表示堆垛层错区域

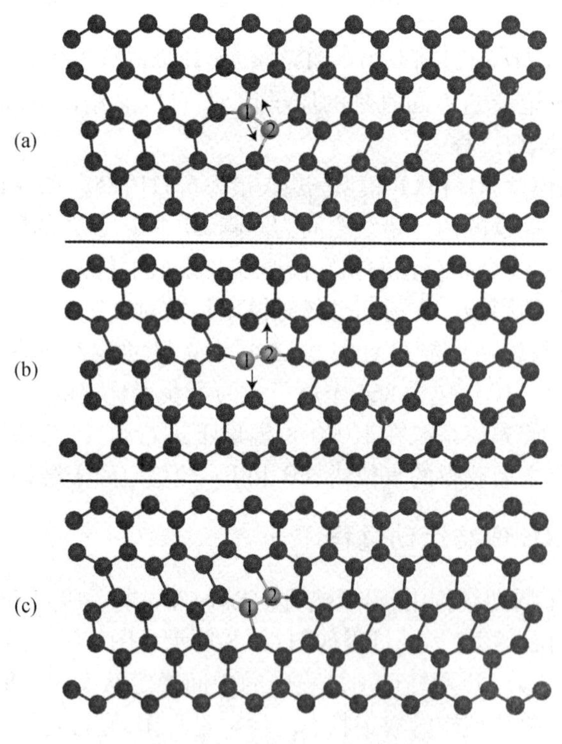

图 4-8 (111)面上单周期 LR 弯结在一个周期 *b* 内的运动过程

(a)单周期结构中 LR 结的初始结构;

(b)LR 弯结运动过程中的中间稳定状态;

(c)一个运动周期后 LR 弯结的稳定结构

停地向右运动。当它运动出右边边界的时候,由于周期性边界条件的作用,LR 弯结从模型左边界进入模型。

与 LR 的运动过程相类似,RL 弯结在运动过程中以 b 为一个运动周期向左运动,运动过程如图 4－9 所示。

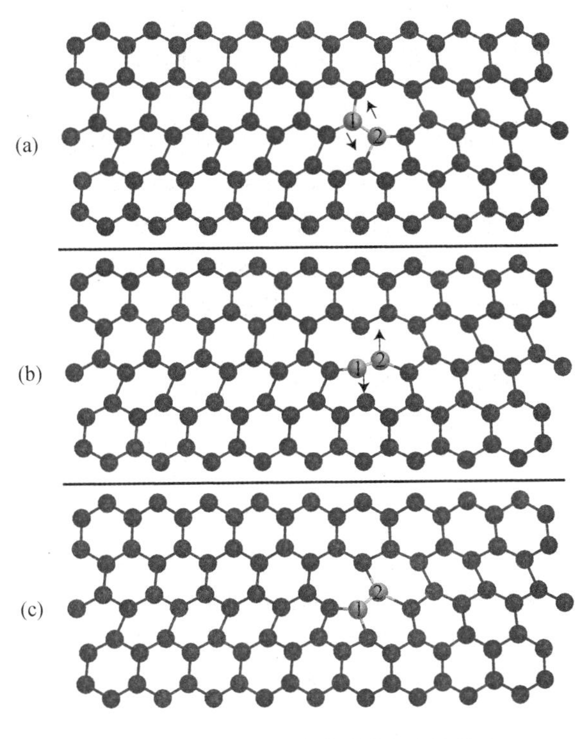

图 4－9　(111) 面上单周期 RL 弯结在一个周期 b 内的运动过程

(a) 单周期结构中 RL 结的初始结构;
(b) RL 弯结运动过程中的中间稳定状态;
(c) 一个运动周期后 RL 弯结的稳定结构

在图 4－9 中,RL 从弯结初始结构的微观结构(图 4－9(a))开始,经历一个中间稳定状态(图 4－9(b))后达到一个周期后的稳定状态(图 4－9(c))。图 4－9(c)为一个运动周期后与初始状态具有相同微观结构的稳定状态。具体运动过程中图 4－9(a)中连接原子 1、2 的键发生如图中箭头所示的旋转。随着原子 1 的向下运动及原子 2 的向上运动,与原子 1 相连接的共价键及与原子 2 相连接的共价键发生断裂,形成图 4－9(b)中所示的中间稳定结构。这样 RL 弯结就实现了从初始结构到中间稳定状态之间的转化。在图 4－9(b)的基础上原子 1、2 继续运动,形成图 4－9(c)中所示的一个周期后的稳定结构。通过以上过程,RL 弯结实现了一个运动周期内的运动,向左迁移了 b。

4.3.4　LR 和 RL 弯结形成能计算

形成能的计算中必须要求所求能量的结构达到最终稳定状态。本章采用共轭梯度法(CG,Conjugate Gradients;)在 0 K 和无压力条件下对体系坐标进行优化。优化过程设为 2 000 步,当体系中原子间作用力小于 0.01 eV/Å 时优化停止,计算体系能量。

LR 弯结和 RL 弯结形成能通过以下过程得到。首先利用上述方法计算出含有单周期直位错偶极子的总能量 E_{str}。然后求得含有 LR 弯结和 RL 弯结结构的体系的总能量 E_{LR} 和 E_{RL}。含有弯结结构体系的能量与直位错体系的能量差值即为该种弯结的形成能。

这里需要讨论对计算结果可能产生影响的一些因素。第一个是层错区能量。从图 4-7 可以看出,位错偶极子之间以层错相连。在能量计算过程中,层错区能量也被计算在内。考虑到弯结形成能的计算是通过两种模型能量差得到的,而且弯结的引入没有改变层错区的面积,所以层错区能量在能量求差的过程中被减掉了,这样就不用考虑层错区能量对形成能结果的影响。第二个需要考虑的因素是模型中位错偶极子之间的相互作用。由于模型的规模比较小,组成偶极子的两个位错之间肯定存在相互作用。同时,周期性边界条件的应用使得偶极子和它的映像之间也存在一定的相互作用。从图 4-7 中可以看出,左弯结和右弯结的引入没有改变位错之间的距离。这就意味着在直位错模型、左弯结模型和右弯结模型中位错之间的相互作用是相等的。因此,在能量求差值的过程中这部分能量也被减掉了。

本章计算得到的 LR 弯结的形成能 $E_f(LR)=0.61$ eV,RL 弯结的形成能 $E_f(RL)=0.605$ eV。两种弯结的形成非常相近,只相差 0.05 eV,这与两者结构具有对称性是一致的。在以前的试验研究中,Kolar 等人[65]利用电子显微镜(electron microscopy)方法观察到了 90 度部分位错的弯结结构,并且得出了弯结的形成能为 0.727 eV。Gottschalk 等人[82]利用透射电镜(TEM)方法得到弯结的形成能为 0.4 eV。本章计算结果正好位于两个实验值之间。另外,Farber 等人[83]的计算结果 0.6 eV 与本章的结果也非常接近。在另外一个分子模拟中,Nunes 等人[81]在计算中使用了 TBTE 描述原子之间的相互作用,计算得到的形成能为 $E_f(RL)=E_f(LR)=0.5$ eV,与本章的计算结果也相差不大。

4.3.5 LR 和 RL 弯结迁移势垒计算

本章利用基于半经验势函数(TB)的 NEB 方法计算 LR 和 RL 运动过程中相邻状态之间的最低能量路径,从而求出图 4-8 和图 4-9 中所示的一个运动周期过程中的迁移势垒值。每次计算中,将图 4-8(图 4-9)中 LR 弯结(RL 弯结)运动过程中的前一个稳定状态作为 NEB 计算的初始状态输入,将弯结运动过程中紧接着的稳定状态作为 NEB 的最终状态输入。在 NEB 计算参数设定中,两个稳定状态之间设定 30 个插值点,计算步长为 1 fs,弹性系数为 0.5。整个 NEB 求解过程为 200 步。NEB 计算完成后,就得到了两个相邻稳定状态之间的最低能量路径。然后将上次计算中 NEB 的最终状态作为下次计算的初始状态输入,将运动过程中最后的稳定状态作为 NEB 计算的最终状态输入,进行 NEB 计算。当弯结一个运动周期内所有稳定状态之间的最低能量路径都得出后,就形成了一个运动周期内的最低能量路径。之后将最低能量路径上所有能量值对弯结初始结构的能量取相对值,就得到了一个运动周期内的相对最低能量路径。其中最高点和最低点的差值即为该弯结在一个运动周期内的迁移势垒。利用 NEB 方法所得到的单周期结构中 LR 和 RL 在一个运动周期 $2b$ 内的最低相对能量路径分别如图 4-10 和图 4-11 所示。

图 4-10 和图 4-11 中以 $2b$ 为周期(坐标系中横坐标为 1 点),横坐标是反应坐标。对于横坐标中的 0.5 点,对应弯结运动过程的中间稳定状态处的相对能量值。由于图 4-8 和图 4-9 中 LR 弯结和 RL 弯结的运动过程非常相似,相应的图 4-10 和图 4-11 中的曲线也比较相似。利用上述方法所得到的 90 度部分位错单周期结构 LR 弯结和 RL 弯结的迁移

势垒为 W_m(LR) = 1.27 eV 和 W_m(RL) = 1.31 eV。由结果可以看出,两者数值也非常非常接近,这主要是因为两者运动过程具有对称性。Kolar 等人[65]利用实验方法所得到的 90 度部分位错的迁移势垒为 1.2 eV,这与本章计算的结果非常接近。Nunes 等人[81]利用分子模拟方法计算得到的迁移势垒为 W_m(LR) = 1.87 eV 和 W_m(RL) = 1.83 eV,与本章的结果分别相差 0.6 eV 和 0.52 eV。但是很明显本章的计算结果更接近实验值。

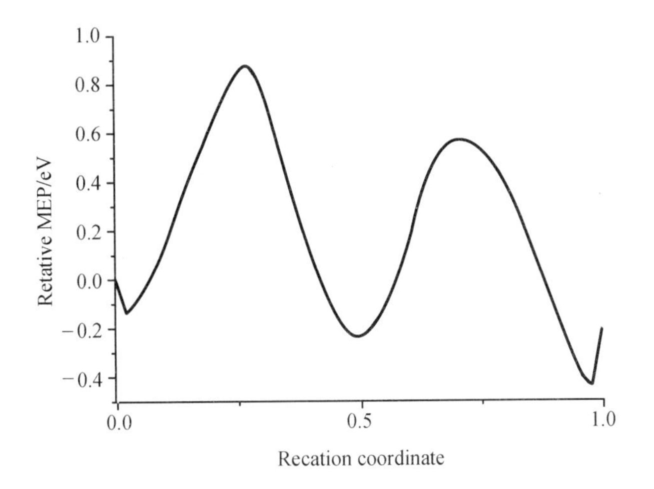

图 4－10　单周期结构中 LR 弯结在一个运动周期 2*b* 内的相对最低能量路径

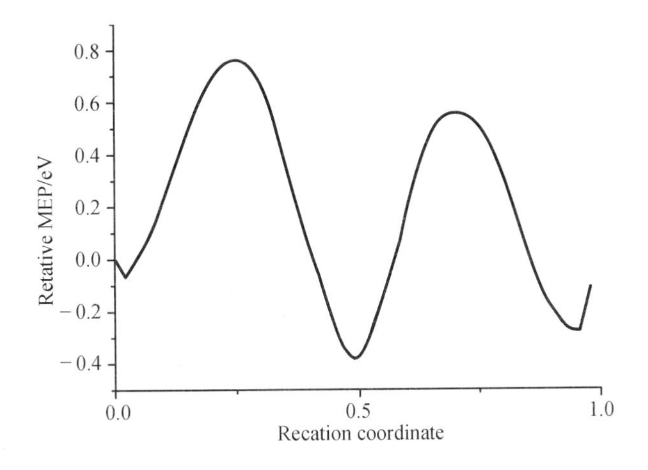

图 4－11　单周期结构中 RL 弯结在一个运动周期 2*b* 内的相对最低能量路径

4.4 本章小结

本章给出了90度部分位错双周期结构的左弯结和右弯结在一个运动周期内的运动过程。利用基于半经验势函数(TB)的分子动力学方法和NEB方法分别计算出了弯结的形成能和迁移势垒。根据位错运动的活化能理论公式,得出了长位错段和短位错段的活化能。

本章利用分子模拟方法对90度部分位错中单周期结构的运动过程进行了详细研究。首先利用基于EDIP势函数的分子动力学方法研究了90度部分位错单周期结构的LR弯结和RL弯结的详细运动过程,发现弯结通过稳定状态之间的转换实现运动。并且不同稳定状态之间的转化过程是原子间断键、成键的过程。在弯结运动过程的基础上利用基于半经验势函数的分子动力学方法得到了LR弯结和RL弯结的形成能分别为$E_f(\mathrm{LR})=0.61$ eV和$E_f(\mathrm{RL})=0.605$ eV;利用基于半经验势函数的NEB方法得到一个周期内的迁移势垒分别为$W_m(\mathrm{LR})=1.27$ eV和$W_m(\mathrm{RL})=1.31$ eV。计算所得到的结果与实验方法所得到的值以及之前的理论计算值比较接近。

第5章　90度部分位错重构缺陷的运动特性

5.1　引　　言

空未重构的位错芯在能量上属于不稳定的结构,需要进行重构以降低自身能量从而稳定存在。重构过程中含有悬键的原子会与最近邻的原子重新成键。而当沿位错线方向原子个数为奇数时,位错芯重构后会剩余一个原子无法与其他原子重构成键,形成一个含有悬键的重构缺陷(RD,Reconstruction Defect)。重构缺陷在有关参考文献中又被称为孤立子(Soliton)[84]或者APD(Antiphase Defects)[85]。其中90度部分位错单周期结构中的重构缺陷如图5-1所示。由于重构缺陷中包含一个悬键,它可以与多种缺陷相结合形成新的缺陷形式,并且改变原来缺陷的运动特性。考虑到它的重要性,在作者之前的博士阶段的研究工作中,已经对30度部分位错中的重构缺陷的运动特性进行了研究,发现它可以改变纯弯结的微观结构,形成弯结与重构缺陷的结合体,降低纯弯结的迁移势垒,提高30度部分位错的运动速度[87]。对于90度部分位错,Heggie等人[86]通过计算单周期结构中重构缺陷的形成能和迁移势垒的方法研究了它的运动特性,发现它可以促进90度部分位错从单周期结构向双周期结构进行转化。但是,这种现象一直没有被实验及其他的模拟计算所验证。另外一方面,重构缺陷在90度部分位错双周期结构中的运动特性还没有被发现。再者,位错的运动通过弯结的迁移实现,所以重构缺陷在位错运动的过程中,肯定会与弯结发生相互作用,而这还都是亟待解决的问题。

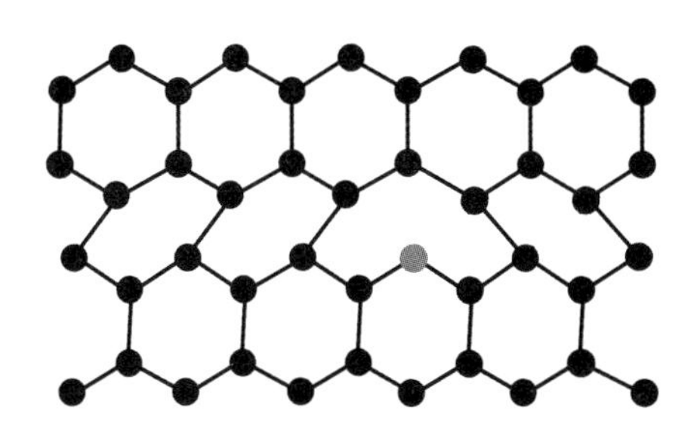

图5-1　90度部分位错单周期结构的重构缺陷

90度部分位错重构过程中会形成两种基本的位错芯结构:单周期结构(SP)和双周期结构(DP)。因此,重构缺陷在90度部分位错中的运动过程关系到在两种不同位错芯结构中的运动,分别称为:SP-RD和DP-RD。在之前的研究中,已经对单周期结构中弯结的微观结构及运动特性进行了研究。下面对双周期结构中的弯结进行介绍。双周期结构中,存在两种弯结形式:左弯结和右弯结。由于左右弯结具有对称性,所以在图5-2中只给出弯结对及右弯结的稳定结构[80]。由于双周期结构可以看成是交替存在的弯结所构成,因此重构缺陷在双周期结构中不能单独存在,必然与其中一种弯结形式相结合,形成图5-3所示的LR-RD结构和RL-RD结构,并以这两种结构的运动实现在位错芯中的迁移。Nunes

等人[81]和 Valladares 等人[71]在研究 90 度部分位错单周期结构中的弯结稳定形式时已经讨论了这两种结构。在单周期结构中它们被称为 LL 和 RL 弯结,并且发现相对 LR 和 RL 弯结,这两种形式不能稳定存在,会在外界条件作用下释放出重构缺陷。

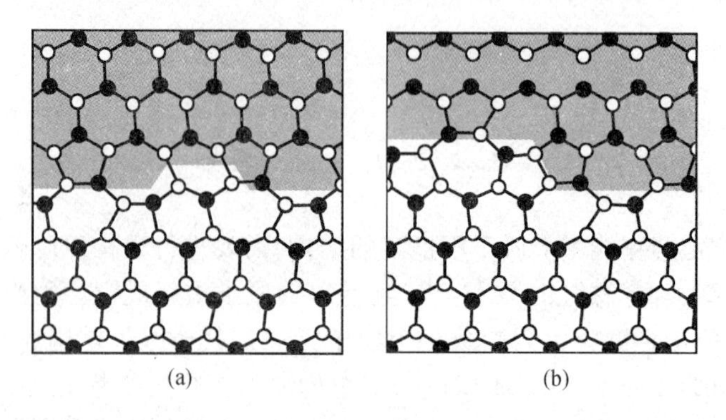

图 5-2 90 度部分位错双周期结构中可能存在的弯结结构

(a)弯结对;(b)右弯结

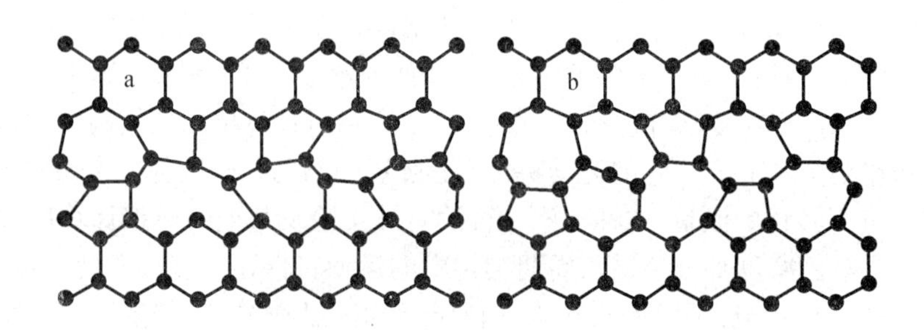

图 5-3 重构缺陷与组成双周期结构的弯结结合后形成的两种结构 LR-RD 和 RL-RD

本章将利用分子动力学方法研究重构缺陷在 90 度部分位错单周期结构和双周期结构中的运动特性。利用基于半经验势函数的 NEB 方法计算重构缺陷的运动过程中的迁移势垒和形成弯结对所需要的能量,验证动力学结果的正确性。另外,在以上模拟结果的基础上研究重构缺陷与弯结的相互作用,全面的揭示 90 度部分位错中重构缺陷的运动特性。

5.2 模型建立及计算过程

本章选择基于 EDIP 势函数的分子动力学方法研究重构缺陷在单周期结构和双周期结构中的运动特性。计算中采用 Verlet 算法进行温度控制,并且采用等温等压系综,积分步长设为 1 fs。对模型边界的处理使用三边周期性边界条件,并且采用与之相应的偶极子模型。分子动力学计算中使用 PR 方法沿位错线方向施加剪应力,从而使重构缺陷运动。

90 度部分位错单周期和双周期结构的模型采用 Stone-Wales 转变[74]的方法建立。其中双周期结构将在单周期结构的基础上引入交替存在的弯结而构成。SP-RD 和 DP-RD 及其弯结模型具有相同的尺寸,具体为 6[111], 20[-1-12]和 20.5[1-10],包含 29 512 个原子。其中[1-10]方法的尺寸相对于正常情况多出 1/2[1-10],即整个模型的尺寸使得沿位错线方向的原子个数为奇数个,从而形成重构缺陷。偶极子两根位错线之间的层错区为 10[-1 -12]。为了获得稳定的初始构型,采用退火算法对体系坐标进行优化。首先使系统在 1 000 K 下弛豫 1 000 步,然后逐渐降低温度直到达到稳定状态。在 SP - RD 有关势垒的计算中,需要建立相应的小尺寸的模型,具体为 1.5[111]、6[-1 -12]和 8.5[1 -10],包含 972 个原子。由于能量计算中对算法的精度要求比较高,所以对能量计算中的初始构型利用基于 TB 的 CG 方法对小尺寸模型坐标进行优化,当原子间的相互作用力小于 0.01 eV/Å 时,优化完成。

针对单周期结构中重构缺陷的运动,利用分子动力学计算它在不同温度以及剪切应力下的运动过程。整个过程剪应力取 0.5, 1, 1.5 和 2 GPa 四个不同的值。针对每个设定的剪应力,温度从 200 K 到 1 300 K 之间变化,每次增加 100 K。每次计算持续 300 ps,每隔 0.1 ps 记录一下模型结构。通过观察记录各个时刻的原子构型,总结出 SP - RD 在不同剪切应力、温度条件下的运动过程。针对重构缺陷在双周期结构中的运动过程,分别模拟 LR - RD和 RL - RD 在 1 GPa、800 K 和 1.5 GPa、700 K 条件下的运动过程,总结两种弯结的详细运动特性。

5.3　单周期结构中重构缺陷的运动特性

5.3.1　SP - RD 的运动过程

通过模拟不同温度和剪应力下重构缺陷的运动过程发现,当温度小于 1 100 K 时,它通过 Heggie 和 Jones[86] 所提出的运动过程实现一个周期向前的运动,如图 5 -4 所示。

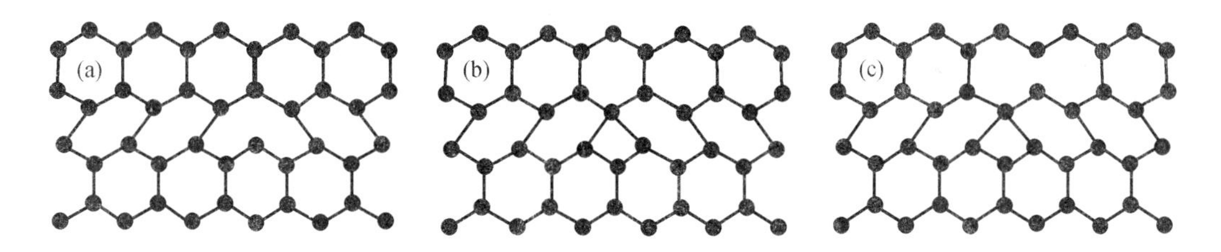

图 5 -4　重构缺陷在较低温度和剪应力条件下一个周期内的运动过程

图 5 -4(a)所示为重构缺陷的初始位置,图中含有悬键的原子表明重构缺陷的存在。在外加剪应力作用下,重构缺陷开始向左运动,它与最近邻原子之间的距离变小,从而重新成键,形成了图 5 -4(b)中所示的中间稳定状态。在图 5 -4(b)中,中心原子为含有五个共价键的超饱和结构。这些重构缺陷运动过程中出现的悬键和超饱和原子最终决定了其运动特性。在图 5 -4(b)中,超饱和原子并不稳定,在外力作用下左侧原子之间的共价键被拉长发生断裂,形成了新的重构缺陷,如图 5 -4(c)所示。通过以上稳定状态之间的转化,单周期结构中的重构缺陷实现了一个周期 b 内的运动过程。从运动过程中的结构变化可以看出,单周期结构中重构缺陷的运动过程就是原子间断键、成键的过程。在剪应力作用下,重构缺陷通过重复以上周期性的运动过程,不停的向左运动。当它运动出左边边界的时候,考虑到周期性边界条件,重构缺陷重新从模型右边界进入,重复一个周期内的运动过程。

5.3.2 SP－RD 的速度特性

为了进一步研究重构缺陷的运动特性,需要研究它在不同剪应力和温度条件下的运动速度。计算过程中根据所记录的不同时刻的模型的微观结构,确定相应时刻的重构缺陷的位置,从而得到从初始位置运动到相应时刻的距离,计算出该时间段内的平均速度。然后将 300 ps 内计算出的所有平均速度,利用公式进行线性拟合,得到单周期结构中重构缺陷在某一剪应力和温度条件下的运动速度,如图 5－5 所示。

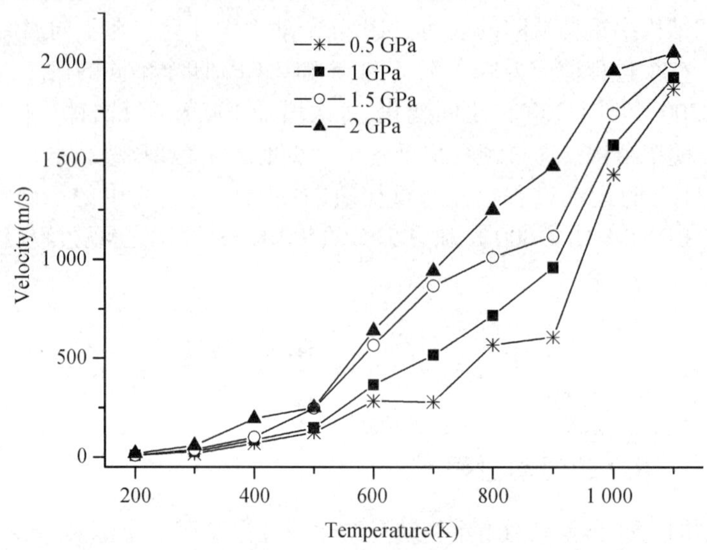

图 5－5 单周期结构中重构缺陷在不同的剪应力和温度条件下的运动速度

从图中可以看出,在给定的剪应力条件下,重构缺陷的运动速度随着温度上升近似线性地增长。另外,在相同的温度条件下,剪应力越大运动速度越快。以上现象可能是因为在较高的温度和剪应力条件下,使得重构缺陷具有更多的能量去克服阻碍其运动的势垒。从图中还可以看出,曲线的形状都非常相似,靠得非常近,这说明重构缺陷的速度主要由温度决定,而非剪应力。最后,发现即使在较低的温度条件下重构缺陷的运动速度也非常快。这可以通过图 5－4 所示的运动过程中的微观结构进行解释。运动过程中出现的一个重要现象就是悬键和超饱和原子的存在,这使得重构缺陷运动过程中的断键和重新成键变得容易,运动速度相应的就比较快。

5.3.3 弯结对的生成

当温度超过 1 100 K 时,通过观察记录不同时刻的构型发现,重构缺陷可以自身为中心促使 90 度部分位错弯结对的形成,具体过程如图 5－6 所示。

以重构缺陷为中心的弯结对形成过程如下:在图 5－6(a)的重构缺陷初始结构中,2 原子在悬键的吸引及剪应力作用下向 1 原子靠近,重新成键。由于 1－2 共价键的形成,2、3 原子间的键长被拉长,从而发生断裂,形成图 5－6(b)所示第一个中间稳定状态。在图 5－6(b)中,4 原子在悬键的吸引下向原子 3 靠近,4、5 原子之间的共价键发生断裂。同时 3、4 原子之间重新成键,形成图 5－6(c)所示第二个中间稳定状态。在图 5－6(c)中,

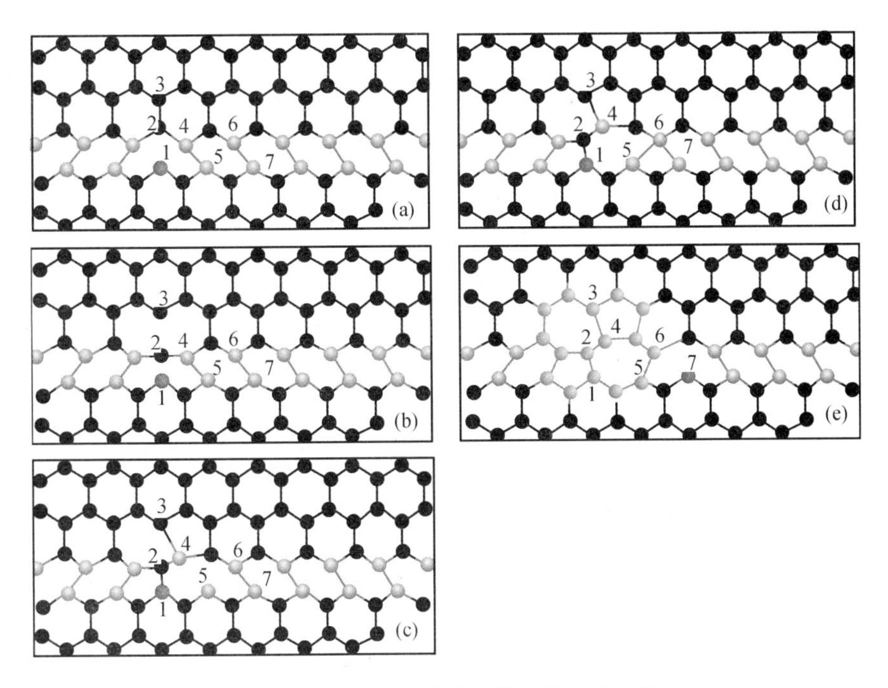

图 5-6 单周期结构中弯结对的生成过程。

原子 5 变成了新的重构缺陷,在外加剪应力的作用下向继续向右运动,5、6 原子形成新的共价键,如图 5-6(d)所示。图 5-6(e)中原子 6、7 之间的键断开,原子 7 变成了新的重构缺陷,而重构缺陷滑过的部分形成了弯结对结构,如图 5-6(d)中所示。通过图 5-6 所示弯结对形成过程可以看出,单周期结构中的重构缺陷在运动过程中经过三个中间稳定状态的转化实现了整个过程。Heggie 和 Jones[86] 在研究重构缺陷运动规律时给出了类似的弯结对成核过程。整个过程通过单周期结构中的重构缺陷的运动和悬键吸引近邻原子实现。通过图 5-6 所示过程,在单周期结构的 $2b$ 距离内引入了交替的弯结对,从而实现了由单周期结构向双周期结构的转变。当重构缺陷的运动遍及整个位错芯后,单周期结构完全转化为了双周期结构。Bennetto 等人已经通过计算证明双周期结构的位错芯能量要比单周期结构低 0.032 eV/Å[40]。因此,重构缺陷促使弯结对的生成过程是能量降低的过程。

5.3.4 迁移势垒的计算

为了验证分子动力学结果的正确性,本章采用基于半经验势函数的 NEB 方法计算单周期结构中重构缺陷运动需要克服的势垒值及弯结对生成需要的能量。在 NEB 计算中,为了得到单周期结构中重构缺陷在一个周期内的最低能量路径以及弯结对形成过程中的最低能量路径,针对图 5-4 中运动过程的三个状态和图 5-6 中的四个状态(图 5-6(c)和(d)可以合成一个状态),分别构建用于能量计算的小尺寸 NEB 模型。计算采用三边周期性边界条件和精度较高的半经验势函数(TB)。每次计算将图 5-4 或者图 5-6 中的前一个状态作为 NEB 的初始输入,紧跟着的后一个稳定状态做为 NEB 的最终状态。两个稳定状态之间设定 20 个插值点,计算步长为 1 fs,弹性系数为 0.5。整个 NEB 求解过程为 300 步。NEB 计算完成后,就得到了两个相邻稳定状态之间的最低能量路径。当计算遍及图中所有稳定状态之后,连接在一起形成整个运动过程中的最低能量路径。之后将最低能量路径上所有能量值对图 5 -4(a)或图 5 -6(a)的能量取相对值,就得到了整个运动过程中的相对最低能量路径。路径中最高点和最低点的差值即为所求的势垒值。利用上述方法所得到的单周期结构中重构缺陷在一个周期内的最低相对能量路径如图 5 -7 所示,弯结对形成过程的最低相对能量路径如图 5 -8 所示。图 5 -7 中以 b 为周期(对应于坐标系中横坐标 1 点),横坐标是反应坐标。横坐标中的 0.5 点,对应于重构缺陷运动过程中的中间稳定状态。由于图 5 -8 的横坐标也是反应坐标,整个曲线的峰底值对应于四个稳定状态的相对能量值。

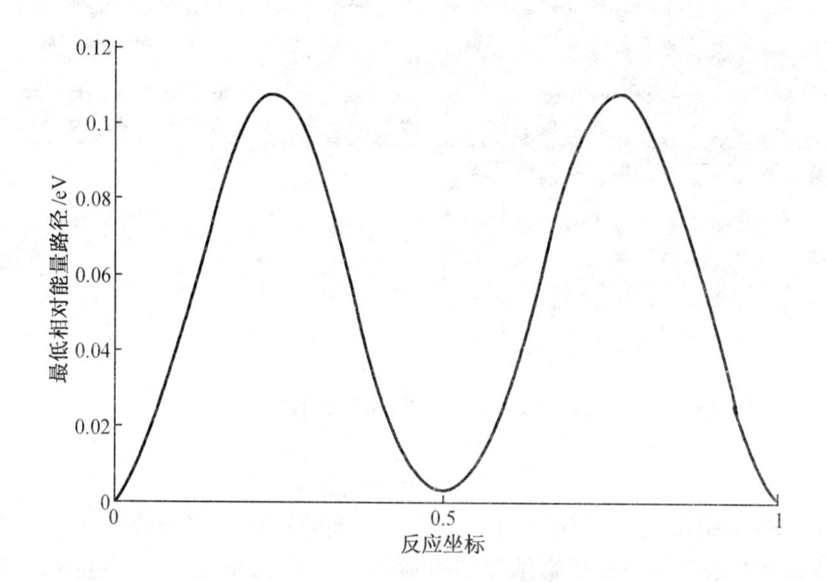

图 5 -7 单周期结构中重构缺陷在一个运动周期的最低相对能量路径

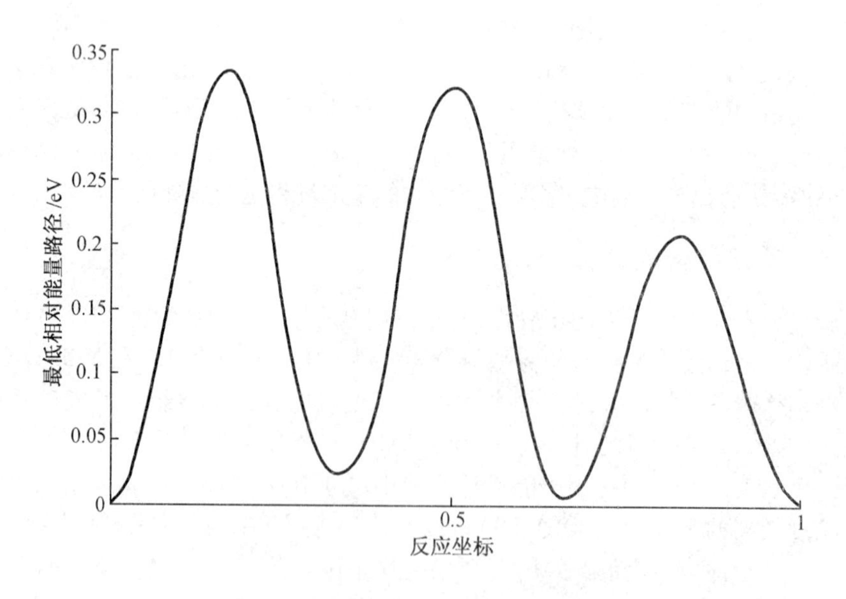

图 5 -8 单周期结构中弯结对生成过程中的最低相对能量路径

利用上述方法所得到的90度部分位错单周期结构中重构缺陷在一个运动周期内的迁移势垒为0.11 eV。Ewels 等人[77]曾经利用第一性原理对90度部分位错重构缺陷的迁移势垒进行了计算,其结果0.15 eV与本章的计算结果0.11 eV相差仅0.04 eV。从结果上可以看出,重构缺陷运动所需要克服的势垒值非常小,所以它即使在较低的温度条件下运动速度也非常快,这与本章利用分子动力学计算所得到的速度曲线结果是一致的,验证了动力学结果的正确性。

在图5-8中最高点和最低点的差值即是所求的弯结对形成所需要的势垒值0.33 eV。Ewels 等人[77]同样利用第一性原理方法计算了该势垒值,其结果0.29 eV与本章的计算结果非常接近。通过该结果可以看出,以重构缺陷为中心形成弯结对所需要的能量0.33 eV非常小,这意味着当外界提供的应力(如失配应力)及温度不是特别大时,弯结对就会形成。另外,对比单周期结构中重构缺陷的迁移势垒和弯结对形成所克服的势垒发现,后者是前者的3倍。这说明在相同的条件下重构缺陷的运动相对于弯结对的形成需要更少的能量,更容易发生。这一结论与动力学计算中所发现的弯结对的形成只在温度大于1100K的情况下才发生是一致的,验证了本章动力学结果的正确性。

5.4　双周期结构中重构缺陷的运动特性

对应双周期结构中重构缺陷的两种形式LR-RD和RL-RD,分别在1 GPa、800 K和1.5 GPa,700 K下计算它们的运动特性。通过观测所记录的不同时刻的模型结构,总结出了LR-RD和RL-RD在一个周期2b内的运动过程,分别如图5-9和图5-10所示。

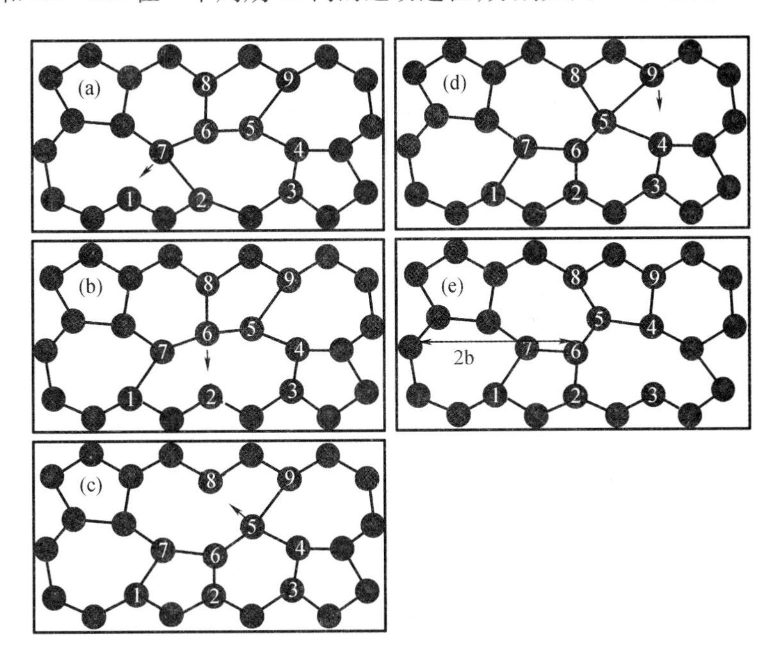

图5-9　LR-RD在双周期结构中的运动过程

LR-RD从图5-9(a)所示的初始结构开始,向左运动一个周期。图中1原子的悬键表示了重构缺陷的存在。在外加剪应力的作用下,图5-9(a)中1原子的悬键吸引与之相

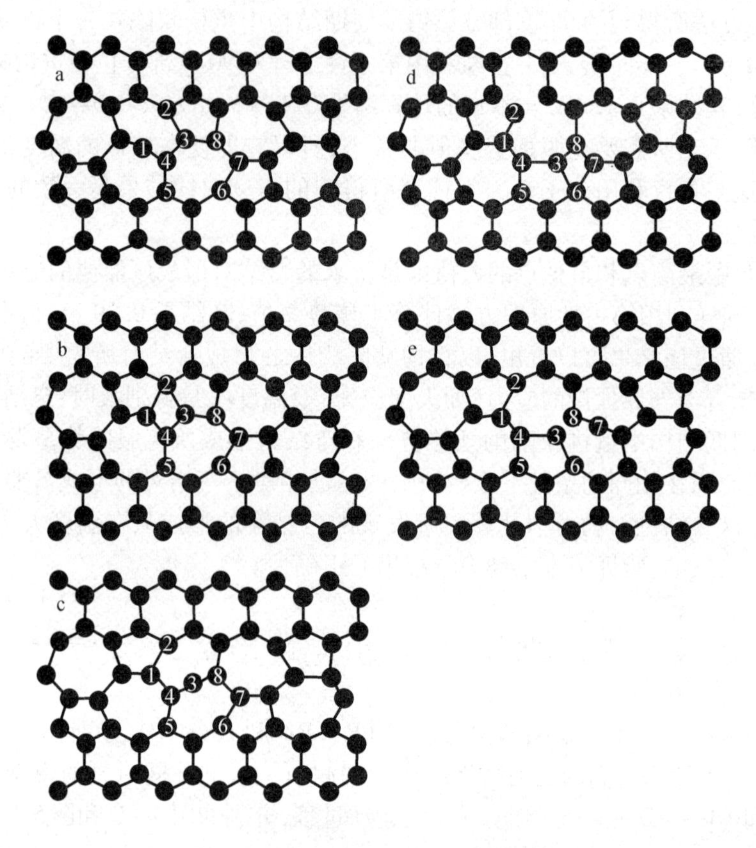

图 5 - 10　RL - RD 在双周期结构中的运动过程

邻的 7 原子，使得该原子向 1 原子靠近，形成图 5 - 9(b) 中所示的 1 - 7 的新共价键。由于 1 - 7 共价键的形成，2、7 原子间的键长被拉长，从而发生断裂，使得重构缺陷从 1 原子运动到了 2 原子，形成了只有三个共价键的未饱和结构。在图 5 - 9(b) 中，6 原子在 2 原子的悬键的吸引下向其靠近。由于 6 原子的运动，6 - 8 之间原有的共价键发生断裂，同时 2、6 原子之间重新成键，形成了图 5 - 9(c) 所示中间稳定状态。在图 5 - 9(c) 中，重构缺陷运动到了 8 原子处，并且在剪应力的作用下继续向右运动。其中重构缺陷的悬键开始吸引其近邻原子 5，使得 5 原子向其靠近，形成新的图 5 - 9(d) 中的 8 - 5 共价键。在图 5 - 9(d) 中，由于 5 原子的运动，5 - 9 之间的键被拉断，使得重构缺陷的悬键运动到了 9 原子处，形成了新的重构缺陷。同样，4 原子由于受 9 原子悬键的吸引而靠近，使得原来 3 - 4 之间的共价键被拉长而断裂，重构缺陷运动到一个周期之后的 3 原子位置(图 5 - 9(e))。其中图 5 - 9(e) 的原子结构与初始结构图 5 - 9(a) 相同，只是二者之间相距一个周期。通过对整个运动过程的分析可以看出，LR - RD 的运动通过重构缺陷的悬键的运动实现，并且它的存在可以吸引近邻原子向其靠近，使得整个重构缺陷在双周期结构中的运动变得容易。

RL - RD 经历图 5 - 10(a) ~5 - 10(e) 向右运动了一个周期 $2b$。整个运动过程通过三个中间稳定状态之间的转化实现。在 5 - 10(a) 的初始结构中，1 原子的悬键表示了重构缺陷的存在。它的悬键吸引与之相邻的 2 原子向其靠近，从而使得 1 - 2 之间重新成键，形成图 5 - 10(b) 中所示的 2 原子的超饱和结构。该结构并不稳定，在 5 - 10(c) 中 2 - 3 之间的共价键断裂,释放了重构缺陷 3 原子。经过以上运动过程,重构缺陷的悬键由 1 原子位置传递到了 3 原子位置,RL - RD 相应的向右运动了半个周期 b。在接下来的从 5 - 10(c) ~5 - 10(e)的半个周期的运动过程与上半个周期基本类似。其中 5 - 10(a)与 5 - 10(e)具有相同的原子结构,只不过两者相距一个周期的距离。通过运动过程可以看出,RL - RD 运动的关键是重构缺陷的悬键,它可以吸引近邻原子形成超饱和结构。这些三个共价键的不饱和结构和五个共价键的超饱和结构使得原子间断键、成键的过程变得容易,运动更容易发生。

5.5　重构缺陷与弯结的相互作用

Si 中位错通过弯结的运动实现迁移,因此弯结是部分位错中必然存在的缺陷形式。重构缺陷沿着位错芯运动的过程中,与弯结的相遇不可避免。因此,有关重构缺陷与弯结的相互作用非常重要。在第 4 章中,已经对 90 度部分位错单周期结构中弯结的运动进行了研究,在此基础上本章研究重构缺陷与单周期弯结的相互作用。由于左右弯结具有对称结构,因此本章只研究了 LR 弯结与重构缺陷的相互作用。通过不同时刻所记录的分子力学结果总结出的相互作用过程如图 5 - 11 所示。

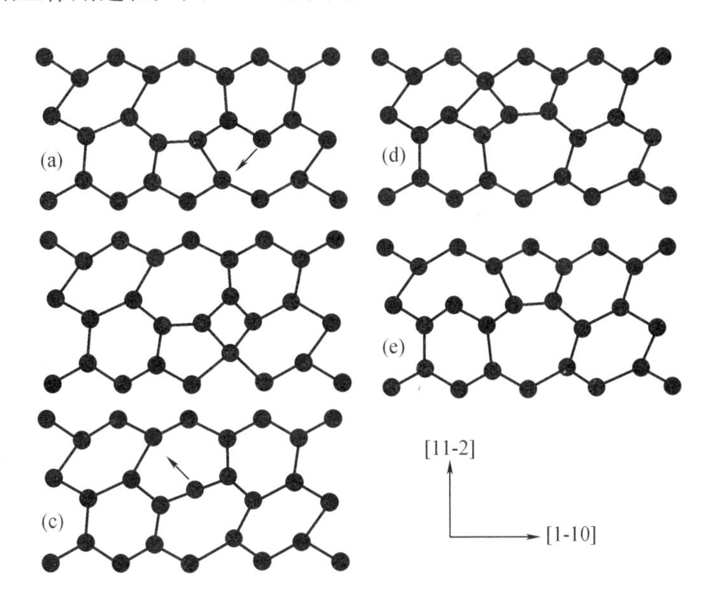

图 5 - 11　LR 弯结与重构缺陷相互作用的过程

在图 5 - 11(a)中,重构缺陷在运动过程中与 LR 弯结相遇。在其后的运动过程中,重构缺陷中所包含的悬键引入到了 LR 弯结当中,构成了与双周期结构中的 RL - RD 相类似的结构。因此,相互作用过程与 RL - RD 的运动过程基本类似。经过从 5 - 11(a)到 5 - 11(e)的过程,重构缺陷穿过了 LR 弯结。由于重构缺陷左右两侧的结构以它为中心反对称,因此当它穿过 LR 弯结之后,弯结结构发生了对称变换,变成了 RL 弯结,如图 5 - 11(e)中所示。

5.6 本章小结

利用分子模拟方法研究了重构缺陷在单周期结构和双周期结构中的运动特性以及与弯结的相互作用,得到了弯结在两种结构中的一个周期内的运动过程。在单周期结构中,测得重构缺陷在正常运动情况下($T<1\ 100$ K)其速度随温度、剪应力变化的曲线。发现重构缺陷运动速度随着温度的升高而近似线性地增加,并且运动速度受温度的变化影响比较大。当温度 $T>1\ 100$ K 时,重构缺陷可以促使弯结对的形成,使单周期结构向双周期结构转化。另外,利用 NEB 方法计算了重构缺陷的迁移势垒和弯结对形成需要克服的能量,验证了分子动力学结果的正确性。所有运动过程都表明,重构缺陷在单周期结构和双周期结构中的运动通过它本身具有的悬键的迁移来实现,这一结构使得重构缺陷在单周期结构和双周期结构中的运动非常容易发生。

第6章　空位的第一性原理及经验势函数的对比研究

6.1　引　　言

空位是半导体材料中最重要的缺陷形式之一。掺杂原子通过提供载流子来提高其导电性,而空位型缺陷等却通过产生深能级来捕获载流子,导致半导体器件中载流子数下降,因此空位本身对半导体器件的性能起着至关重要的作用。另外,由于空位的大量存在,它和位错之间的相互作用不可避免。空位和位错的相互作用改变了失配应变的释放形式和位错的成核、运动规律[88]。在有关部分位错的研究中,仅仅计算了位错本身的运动特性,并没有涉及空位对位错运动特性的影响。因此,为了进一步研究位错的运动规律,首先需要对空位的结构及能量特性进行了解,进而选择出在大规模体系计算中可用来描述空位的经验势函数。

空位按缺失原子的个数可称为单空位,双空位等。在异质结构中比较重要的同时也是研究比较多的是单空位(V_1),双空位(V_2)和六边形空位环(V_6)。其中单空位不但和其他缺陷形式的形成有关,而且控制着半导体材料中自间隙原子及间隙原子的扩散。因此,它一直是试验[89]和第一性原理研究[90-94]的对象。另外,单空位的结构在弛豫后产生了很大的变形,并且提供了断键所需要的能量,所以被广泛应用于经验势函数可靠性的验证中[51,95]。双空位在电子辐照过程中轻易大量产生,它在异质结构中可以长期稳定存在并且不易移动。所以双空位一直是试验研究所关注的对象。最近几年,人们开始利用试验[96,97]和第一性原理方法[98-101]研究带有价态的双空位的形成能和结构特性,并且取得了一定的成果。六边形空位环是Si中最小的空位环,它可以通过聚集而形成其他缺陷形式,同时它还是间隙原子的捕捉中心。在最初的六边形空位环的研究中,Chadi和Chang[102]通过计算空位结构悬键能量的方法证明了六边形空位环相对于其他形式的位错环要稳定。后来,人们通过DFT计算[103,104]和DFTB计算[105]验证了这一结论。

从上面的论述可知,在有关空位的研究中,一方面用各种实验手段来探测缺陷的性质,如用电子顺磁共振、红外光谱、光电导、深能级瞬态谱及正电子湮没谱等,另一方面,运用量子力学的基本原理来理解其缺陷的特性。这两种方法都有其他方法所没有的优点,但是它们也有缺点,即无法处理与空位有关的较大规模的动态问题,例如空位与其他缺陷的相互作用(晶界、位错、层错等),大尺寸模型中自间隙原子的迁移,低空位密度中溶质原子的扩散等。以上问题不但要求较大的模型尺寸,而且需要较长的时间过程。在这类问题中,常用的方法是在计算中使用经验势函数。但是,经验势函数无法体现体系内在的量子效应,精度也无法保证。因此,对于具体的缺陷形式,所使用的经验势函数必须进行验证。在以前的研究中,为了验证经验势函数可以用来描述某种缺陷,人们进行了大量的验证工作,例如有关位错[51],弹性常数[51,95],表面[95]等的验证。此外,Godet等人[106]将SW、EDIP、Tersoff势函数与Ab Initio方法在较大剪切应力条件下进行了对比研究。对于空位,Balamane等人[95]利用单空位的形成能和结构特性对比研究了六种经验势函数,Justo 等人[51]利用单空位的形成能验证了 SW、EDIP 和 Tersoff 势函数在单空位上的有效性。但是,以上两篇文章仅仅对于经验势函在单空位计算中的有效性进行了验证。到目前为止,对于双空位和六边形空位环的验证还是一个亟待解决的问题。

本章将利用第一性原理方法和其他三种经验势函数对单空位,双空位和六边形空位环的形成能和结构特性进行对比研究。通过计算结果的对比,对三种经验势函数在描述空位中的有效性及缺点进行讨论。由于计算中文章将对第一性原理结果和经验势函数结果进行对比,所以本章所讨论的所有空位都是不带价态的中性空位。

6.2 计算方法及参数设定

本章中,空位的形成能 E_n^f 通过含有空位体系的总能量与完整晶体的总能量的差值得到,具体形式为

$$E_n^f = E(N-n) - \frac{(N-n)}{N} \times E(N) \tag{6-1}$$

其中 $E(N)$ 为含有 N 个原子的完整晶体体系的总能量,$E(N-n)$ 为缺失 n 个原子的含空位体系的总能量。由公式(6-1)可以看出,要计算空位形成能需要先求出不同体系的总能量。下面将对本章求体系能量的两种分子模拟方法做一下简单介绍。

6.2.1 第一性原理参数设定

本章第一性原理计算中采用的是 SIESTA 程序[107]。SIESTA 使用标准的 Kohn-Sham 自恰密度泛函方法,其中电子交换关联能的计算使用广义梯度近似(GGA)得到,具体参数为 PBE 参数[43]。原子中心电子使用完全非局域形式 Kleinman-Bylander 的标准守恒赝势[108]进行简化。为了提高计算精度,波函数的能量截断半径设为 160Ry。在布里渊区中,k 点使用 Monkhorst-Pack (MP)[109]网格 q^3,权重为(k_0, k_0, k_0)。在计算体系能量的过程中,使用共轭梯度法(CG)对含有空位的体系进行坐标优化。每次计算持续 3 000 步,体系中原子间作用力小于 0.01 eV/Å 时计算结束。

在 DFT 计算中,基组通常指原子轨道的集合。基组的选取对计算结果影响很大,甚至决定计算的成败。按基函数数目的多少,基组可分为极小基(SZ)、双 ξ 基(DZ)及扩展基。SZ 是指被研究体系的电子所占据的轨道的集合;DZ 就是分裂基,它是在极小基基础上,将每个原子轨道分裂为两个原子轨道而构成的;扩展基由内层、价层和量子数更高的原子轨道所构成,有时加上一个称为弥散函数的 ξ 值很小的原子轨道。角量子数更高的原子轨道称为极化函数(Polarization Function)。在 DZ 基础上考虑自旋之后的基组为 DZP。本章在计算中分别使 SZ、DZ 和 DZP 基组得到 Si 的晶格为 5.643 Å,5.556 Å 和 5.494 Å。它们与试验中所得到的 Si 的晶格常数 5.43 Å[110]相差 3.8%,2.3% 和 1.2%。为了消除表面不饱和原子对计算结果的影响,计算中使用三边周期性边界条件。下面将利用上段设置的参数对计算中所采用的基组、模型尺寸及 k 点进行选择。计算模型三边矢量取为[100],[010]和[001],常用的规模为包含 64 个原子,216 个原子和 512 个原子的模型。在不同原子个数、基组、晶格常数条件下求取单个原子能量相对于 k 点网格 q 的变化,如图 6-1 中所示。其中,q 从 1 取到 4。当 $q=1$ 时,对应的 $k_0=0$;当 $q=2,3,4$ 时,对应的 $k_0=0.5$。

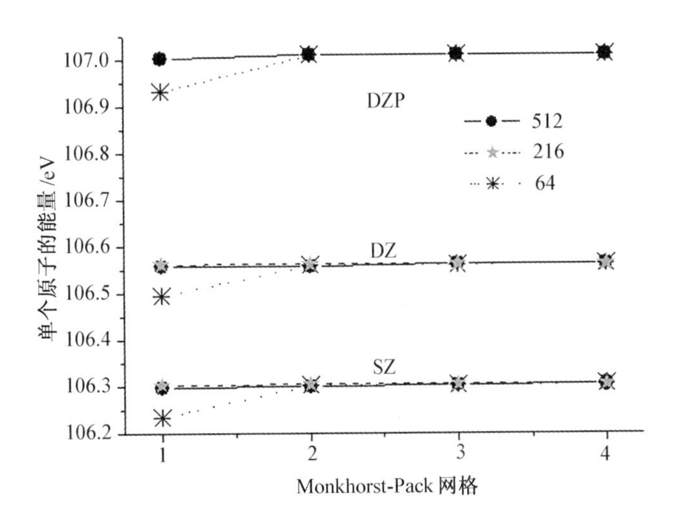

图6-1 在不同原子个数、基组条件下单个原子能量相对于布里渊区 k 点的变化

从图6-1中可以看出,不同的基组及晶格常数所对应的单个原子的能量收敛于不同的值。这表明,除了计算中所采用的近似方法的差异外,不同的晶格常数也会导致结果的不一致性(在下面的计算结果的讨论中会详细论述)。从图6-1中还可以看出,随着模型原子个数和 k 点的增加,能量收敛的速度变快。当原子个数为216并且 $q=2$ 时,单个原子的能量分别收敛于0.9 meV(DZ)和0.04 meV(DZP),完全能够满足精度的需要。同时,考虑到以前含有216个原子的模型在单空位[90-92],双空位[88]和六边形空位环[103,104] DFT计算中的成功应用,本章亦选择216个原子作为DFT计算模型的尺寸。此外,Probert等人[92]发现,当 $q=2$ 即 k 点密度为0.031 Å^{-1}时,已经可以充分保证能量结果的收敛性。因此,本章DFT计算中 k 点网格 q 取为2。为了保证最后能量结果的精度,选择DZP基组(晶格常数为5.494 Å)用于DFT计算中。

6.2.2 经验势函数计算方法参数设定

由于Si在半导体技术中的重要性,人们针对不同的缺陷形式和应用条件给出了30多种经验势函数。考虑到每种势函数都有自身的优点和缺点,本章选择应用最广泛、被验证最多的SW和Tersoff(T3)势函数用于分子动力学计算中[95]。此外,EDIP是唯一一个既可以处理30度部分位错又可以处理90度部分位错的势函数[51],因此它也作为本章用来计算的经验势函数之一。

通过基于以上三种经验势函数的分子动力学(MD)方法计算含空位体系的能量及结构。计算中采用NPT系综,时间步长设为1 fs。计算模型三边等长(9.9 nm),矢量与DFT模型一样,都取为[100],[010]和[001]。MD计算中使用三边周期性边界条件。含有空位体系通过以下弛豫方法达到最低能量状态。首先在0 K下弛豫10 000步,然后体系每5 000步升高10 K,最高为800 K。利用相反的步骤将体系温度从800 K降到0 K,就得到了最后的稳定状态。

6.3 单空位的结构特性及形成能

6.3.1 单空位的结构特性

单空位通过在完整晶体中心移出一个原子形成，如图6－2(a)中所示。单空位形成后，它的第一近邻的四个原子中每个原子含有一个悬键。系统弛豫之前，四个近邻之间的六个距离彼此相等，形成T_d点群。在DFT弛豫中，Jahn-Teller(JT)变形使得四个近邻原子之间的间距发生了变化，它们两两相互靠近，形成新的共价键(原子1－2和原子3－4)。在弛豫之后的稳定结构中，四个近邻原子之间的六个距离$d_{1,2}=d_{3,4}<d_{1,3}=d_{1,4}=d_{2,3}=d_{2,4}$，形成了$D_{2d}$点群，如图6－3中所示。这一结构与参考文献[90－93]中所得出的结论完全一致。弛豫之后的近邻原子之间的六个间距相对于理想晶体中原子间距3.885 Å的变化列在了表6－1中。从表中可以看出，本章的DFT/GGA的结果与之前的DFT/LDA结果12.1%(4)，24%(2)[91]基本一致。它们之间微小的差别可能是由计算中所使用的晶格常数及近似方法的差异造成的。

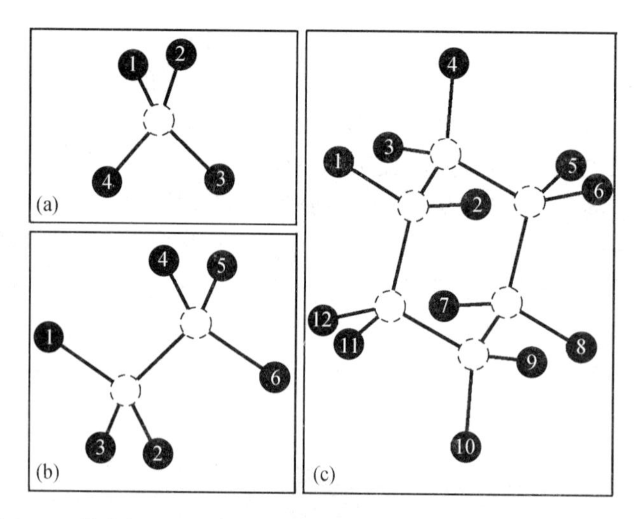

图6－2 单空位、双空位、六边形空位环以及它们的近邻原子示意图

虚线表示的是缺失的原子，黑色原子为空位的最近邻原子

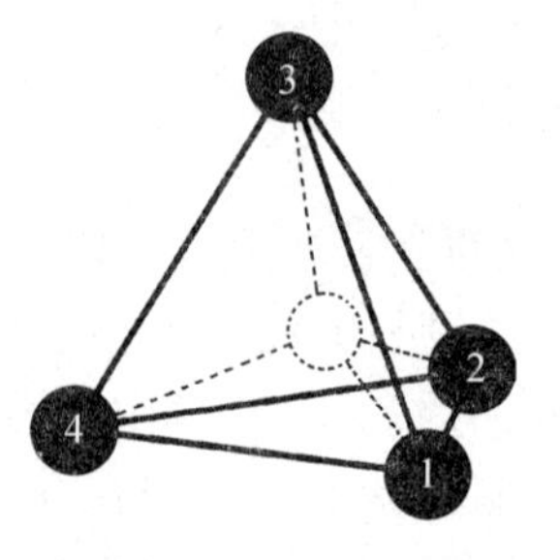

图6－3 单空位四个近原子间的距离示意图

表6-1 单空位弛豫后的形成能及结构特性

方法	E_1^f/eV	Δ*d*/(%)	点群
DFT	3.69	-13.6% (4), -28% (2)	D_{2d}
SW	3.52	-24.8% (6)	T_d
EDIP	4.1	+6.9% (6)	T_d
T3	4.5	+9.8% (6)	T_d

注:Δ*d*(%)表示四个近邻原子之间六个间距相对于理想原子间距3.885 Å的变化量。-和+分别表示空位近邻原子向外和向内弛豫。

在使用经验势函数弛豫的过程中,单空位的四个近邻原子按照呼吸模型变形,即近邻原子沿着它们与空位之间连键的方向向内或者向外运动。这意味着弛豫之后结构的点群相对于弛豫之前没有改变,都属于T_d点群。从表6-1所列出的近邻原子之间距离的变化可以看出,SW情况下空位的近邻原子朝着空位向内运动,六个原子间距都缩短了24.8%。在EDIP和T3情况下空位的近邻原子朝着背离空位的方向运动,六个间距分别增长了6.9%和9.8%。从上面的计算结果可以看出,在三种经验势函数弛豫的过程中,只有SW中原子弛豫的方向和DFT的计算结果一致,EDIP和T3与DFT的结果正好相反。Balamane等人[95]在经验势函数的比较中也发现的了类似的结果,他们得出SW情况下近邻原子间距变化了24%(向内),T3情况下近邻原子间距变化了10.5%(向外)。虽然在最初的基于格林方程的研究中出现了单空位向外弛豫的现象[111,112],但是后来大量第一性原理结果表明单空位近邻原子应该是向内弛豫[90-94]。Prober等人[92]总结了有关单空位的计算后发现,向外弛豫的错误结果是在计算中使用的基组较小造成的。

6.3.2 单空位的形成能

利用DFT,SW,EDIP和T3方法所得到的单空位的形成能见表6-1。从表6-1中可以看出,本章的DFT结果3.69 eV仅比实验结果[89]和利用256个原子的DFT/LDA结果[93] 3.6 eV大0.09 eV。Schultz[94]利用DFT/LDA方法在含有250个原子的模型中对单空位的形成能进行了计算。其结果3.58 eV比本章的DFT/GGA结果低0.11 eV。最近,Wright[90]利用DFT/GGA方法在含有216、512和1 000个原子的模型中进行了一系列的计算,得到了单空位在无限大晶体中的形成能为3.605 eV。这一结果与本章结果相差0.085 eV。在另外一个DFT/GGA计算中,Probert和Payne利用含有256个原子的模型在$q=2$以及晶格常数为5.429 Å条件下得到单空位的形成能为3.17 eV。本章利用同样的参数设置,在216个原子模型中得到相似的结果3.3 eV。从以上分解可以看出,本章的DFT结果与实验值及以前的第一性原理结果非常相近,证明了计算结果的正确性。

在单空位的经验势函数结果中,SW所对应的值为3.52 eV。与以前的SW计算结果(2.82 eV)[95]相比较,本章结果相对要大。但是,本章的计算值与实验值3.6 eV[89]更接近。利用EDIP和T3所得到的形成能分别为4.1 eV和4.5 eV,它们相对于以前的结果3.22 eV[51]和3.7 eV[95]分别大了0.78 eV和0.8 eV。

6.3.3 单空位结果讨论

通过表6-1中DFT和经验势函数结果的比较可以发现,经验势函数无法用于单空位点群的计算中。这表明短程有效的经典势函数不能体现材料固有的量子效应,如 JT 变形。在三种经验势函数中,虽然它们在描述单空位的结构特性时都有缺点,但是只有 SW 给出了和 DFT 结果一致的原子弛豫方向。EDIP 和 T3 中错误的弛豫方向刚好与 DFT 结果相反。另一方面,利用 SW 求出的单空位形成能与 DFT 结果相差为 0.17 eV,这一数值要比 EDIP 和 T3 与 DFT 的差值小很多。以上所有结果表明,除了点群计算外,SW 要比 EDIP 和 T3 更适合单空位的计算中。

6.4 双空位的结构特性及形成能

6.4.1 双空位的结构特性

双空位通过在完整晶体中心移出两个相邻原子形成,如图 6-2(b)中所示。双空位形成以后它的每一个空位周围含有三个近邻原子。三个近邻原子间有三个原子间距。由于双空位缺失了两个原子,因此它也存在着两套共六个原子间距需要考虑。系统弛豫之前,原子间的六个距离彼此相等,形成 D_{3d}点群。经过 DFT 坐标优化后,JT 变形使得近邻原子之间的间距发生了变化,原子 2 与 3 以及原子 4 和 6 相互靠近形成了新的共价键。在弛豫之后的稳定结构中,近邻原子之间的六个距离 $d_{2,3}=d_{4,66}<d_{1,2}=d_{1,3}=d_{4,5}=d_{5,6}$,形成了所谓的 large pairing (LP)结构[96],如图 6-4(a)中所示。其中两个空位原子在图 6-4 重叠在一起,用一个虚线表示的原子代替。经过 JT 变形之后,初始结构的 D_{3d}点群降低为 C_{2h}点群。除了 LP 结构外,Saito 和 Oshiyama[100]在 DFT/LAD 计算中提出了 resonant bond (RB)结构。在 RB 结构中,$d_{2,3}=d_{4,6}>d_{1,2}=d_{1,3}=d_{4,5}=d_{5,6}$,如图 6-4(b)中所示。最近,Iwata 等人[98]利用第一性原理方法在含有 64 个原子到 1 000 个原子中的模型中进行了计算,得到了 RB 结构要比 LP 结构稳定的结论。但是在另外一个大尺寸模型(1 000 个原子)的 DFT 计算中[99],Wixom 和 Wright 发现 LP 结构要比 RB 结构更稳定。并且这一结论得到了其他第一性原理结果[100]及实验结果[97]的支持。在 LP 结构中近邻原子之间的六个间距相对于理想晶体中原子间距 3.885 Å 的变化见表 6-2。从表中可以看出,本章利用 DFT/GGA 的结果 15.4% (4)和 29.1% (2)与另外两个第一性原理结果(LP 结构) 13.8% (4), 29.03% (2)[98]和 12.2% (4),25.8% (2)[100]在理论上是一致的。数值之间的差别可能是由于他们在计算中使用了比本章大的晶格常数 5.48 Å[98]和 5.43 Å[100]。

表 6-2 双空位弛豫后的形成能及结构特性

方法	E_2^f/eV	Δd/(%)	点群
DFT	5.59	-15.4% (4), -29.1% (2)	C_{2h}
SW	5.14	-27.3% (6)	D_{3d}
EDIP	5.52	+6.4% (6)	D_{3d}
T3	6	+9.2% (6)	D_{3d}

注:Δd (%)表示近邻原子之间六个间距相对于理想原子间距 3.885 Å 的变化量。- 和 + 分别表示空位近邻原子向外和向内弛豫。

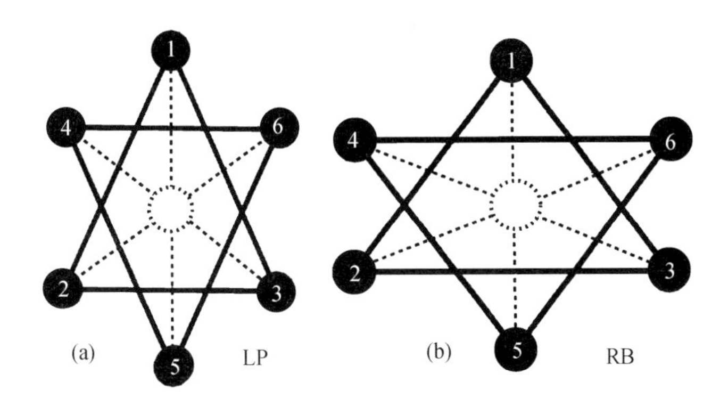

图6-4　JT变形后双空位中可能存在的两种稳定结构LP和RB

在使用经验势函数弛豫的过程中,双空位的近邻原子也是按照呼吸模型进行变形,即近邻原子沿着它们与空位缺失原子之间连键的方向向内或者向外运动。这意味着在经验势函数计算中,弛豫之后结构的点群相对于弛豫之前没有改变,都属于D_{3d}点群。从表6-2所列出的近邻原子之间距离的变化可以看出,在利用SW势函数进行弛豫的过程中,空位的近邻原子朝着空位向内运动,六个间距都缩短了27.3%。在EDIP和T3情况下空位的近邻原子朝着背离空位的方向运动,六个间距分别增长了6.4%和9.2%。与单空位的结果相类似,三种经验势函数中只有SW中原子弛豫的方向和DFT的计算结果一致,EDIP和T3与DFT的结果正好相反。

6.4.2　双空位的形成能

表6-2中列出了利用DFT,SW,EDIP和T3方法所得到的双空位的形成能。本章的DFT结果5.59 eV和文献中的TB结果5.68 eV[113]几乎一样,两者相差0.09 eV。Wixom和Wright[99]在晶格常数为5.469 Å条件下使用DFT/GGA方法在含有216、512和1 000个原子的模型中进行了一系列的计算,推出了双空位在无限大晶体中的形成能为5.363 eV。本章结果相对于这一结果大0.227 eV。但是,如同Wright[90]在另一篇文章中所指出的一样,如果他在计算中采用和本章相同的晶格常数5.494 Å,那么所得出的双空位的形成能会更小,即与本章结果更加接近。另外,Wixom和Wright[99]在双空位的计算中所得出的键能为1.85 eV。利用相同的计算公式,本章得出的结果为1.79 eV。虽然这一结果要比Wrxom等人的值小0.06 eV,但是本章的结果更接近实验值≥1.6 eV[96]。

从表6-2中可以看出,由EDIP求出的双空位形成能和DFT的结果基本完全一致,两者仅差0.07 eV。另外,SW的结果与DFT的结果相差0.45 eV,T3的结果与DFT的结果相差0.41 eV。虽然SW和T3的结果较EDIP的结果要差,但是考虑到经验势函数的精度,它们也是可以接受的。

6.4.3　双空位结果讨论

通过表6-2中DFT和经验势函数结果的比较后可以发现,与单空位相类似,经验势函数也无法应用在双空位点群的计算中。在三种经验势函数中,只有SW给出了和DFT结果一致的原子弛豫方向,而且它所给出的近邻原子间距的变化和DFT的平均值20%也很接近。对于EDIP和T3,它们的弛豫方向刚好与DFT结果相反,空位的近邻原子在弛豫后间距变大。另一方面，这三种经验势函数都可以胜任双空位形成能的计算。但是考虑到 EDIP 和 T3 在双空位结构特性中的失败表现，SW 是双空位计算中较好的选择（点群计算除外）。

6.5 六边形空位环的结构特性及形成能

6.5.1 六边形空位环的结构特性

六边形空位环通过在完整晶体中心移出相连成环状的六个原子形成，如图 6－2(c)中所示。六边形空位环形成后它每个空位原子含有两个近邻原子。在初始构型中，十二个近邻之间的六个距离彼此相等，形成 D_{3d}点群。经过 DFT 弛豫后，JT 变形使得每个空位所属的两个近邻原子之间的间距发生了变化，它们两两相互靠近，形成新的共价键，如图 6－5 中所示。在弛豫之后的稳定结构中，近邻原子之间的六个距离变化相同 $d_{1,2}=d_{3,4}=d_{5,6}=d_{7,8}=d_{9,10}=d_{11,12}$，所以初始结构的 D_{3d} 点群没有改变。以上弛豫过程与其他第一性原理计算中[103, 104]所得出的结论完全一致。弛豫之后，成对后的原子间间距由原来的 3.885 Å 缩短为 2.808 Å。这一结果与 Akiyama 等人[104]由 DFT/GGA 得出的结果 2.86 Å(3.88 Å) 相差 0.052 Å。此外，Staab 等人[105]利用 DFTB 方法也得出了与本章相近的结果 2.7 Å。

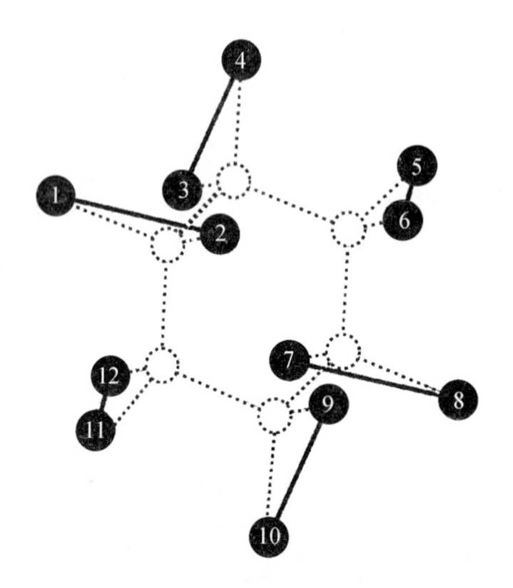

图 6－5 JT 变形后六边形空位环的稳定结构

在使用 SW，EDIP 和 T3 方法弛豫的过程中，六边形空位环的近邻原子按照呼吸模型变形，即近邻原子沿着它们与空位缺失原子之间连键的方向向内或者向外运动。弛豫之后结构的点群没有改变，都属于 D_{3d}点群。其中，利用 SW 势函数弛豫中空位的近邻原子朝着空位向内运动。因此每个缺失原子的两个近邻原子间距都缩短了 30.9%。从表 6－3 中可以看出，SW 弛豫中不但原子运动方向和 DFT 结果一致，原子间距的变化值也与 DFT 结果 27.7% 相近。但是在 EDIP 和 T3 情况下，空位的近邻原子朝着与 DFT 结果相反的方向运动，六个原子间距分别增长了 8.6% 和 11.4%。

表6-3　六边形空位环弛豫后的形成能及结构特性

方法	E_6^f/eV	Δd/(%)	点群
DFT	10.12	-27.7% (6)	D_{3d}
SW	10.8	-30.9% (6)	D_{3d}
EDIP	10.2	+8.6% (6)	D_{3d}
T3	11.6	+11.4% (6)	D_{3d}

注：Δd (%)表示近邻原子之间六个间距相对于理想原子间距3.885 Å的变化量。-和+分别表示空位近邻原子向外和向内弛豫。

6.5.2　六边形空位环的形成能

利用DFT,SW,EDIP和T3方法所得到的六边形空位环的形成能见表6-3中。在以前的DFTB计算中,Staab等人[105]计算出了六边形空位环的形成能为10.5 eV。这比本章的DFT结果10.12 eV大0.38 eV。Makhov和Lewis[103]利用DFT/LDA方法在216个原子的模型中得到了六边形空位环的形成能为9.41 eV。它比本章的DFT/GGA结果小0.71 eV。为了将本章计算结果与Dangling Bonds Counting (DBC,弛豫之前的结构)模型的能量进行比较,本章利用DFT计算了六边形空位环弛豫之前的形成能。得出结果后通过比较后发现,本章结果13.9 eV与CDB模型结果14.1 eV[102]比较接近。从表6-3中可以看出,由SW及EDIP得出的六边形空位环形成能与DFT结果比较接近,最大差值小于6.7%。对于T3势函数,形成能结果与DFT结果的差值大于14.6%。这表明T3势函数不能用于六边形空位环形成能的计算中。

6.5.3　六边形空位环结果讨论

通过表6-3中结果的对比后可以发现,SW势函数胜任于六边形空位环结构特性和形成能的计算中。对于EDIP,虽然它得到比较好的形成能结果,但是弛豫过程中近邻原子的错误运动方向限制了它在六边形空位环计算中的应用。三种经验势函数中T3势函数的表现最差,它在结构特性和形成能的计算中都无法胜任。因此,SW势函数是六边形空位环计算中最好的选择。

6.6　计算结果分析

通过与实验及第一性原理结果比较后发现,本章的DFT方法对空位结构特性及形成能进行了较好的描述。但是,在DFT弛豫过程中所发生的JT变形,在经验势函数中却被呼吸变形所替代。这可能是由于短程有效的经验势函数是由拟合实验或者第一性原理数据后得到的。它们通常用来描述处于平衡状态下的物理现象或者结构。而Si中的空位牵扯到原子间重新成键及较大的变形,所以经验势函数在处理这类离平衡状态比较远的情况时会不尽人意。正是由于在经验势函数中空位近邻原子的呼吸运动,使得它们在单空位和双空位点群计算中给出了错误的结果。除此之外,EDIP和T3势函数在空位弛豫过程中还出现了与DFT相反的弛豫运动方向。因此,由于经验势函数自身的限制,EDIP和T3无法应用于空位结构特性的计算中。

虽然三种势函数在描述空位时都有各自的优点和缺点,但是SW相对于EDIP和T3更适合于空位的计算。这主要是因为SW的截断半径(3.77 Å)相对于EDIP(3.12 Å)和T3(3.0 Å)要大。因此,它在处理远离平衡状态的结构时具有相对的优势。

6.7 本章小结

本章利用DFT,SW,EDIP和T3对Si中单空位、双空位和六边形空位环进行了对比研究。通过结果之间的比较发现由于经验势函数自身的缺陷,EDIP和T3无法应用于空位结构特性的计算中。虽然SW势函数也无法描述单空位及双空位的点群,但是考虑到它在空位弛豫方向及形成能计算中表现出的优异特性,相对于EDIP及T3,它更适合于空位的计算。

第7章　30度部分位错与空位的相互作用

7.1　引　　言

位错和空位是半导体材料中两种基本的缺陷形式。本书在前面几章已经详细论述了它们在材料中的作用及重要性。由于它们在半导体工艺中的特殊地位,其结构特性和运动特性一直是实验和理论研究的热点。但是在这些理论研究中,往往局限于某种缺陷本身,而对空位和位错的相互作用的研究相对比较少。在已经存在的实验中,一种观点认为空位缺陷对位错的运动起着阻碍作用[114];而另一种观点则认为空位缺陷的存在加快了失配位错的滑移速度[115]。虽然以上观点差别很大,但它们都表明空位缺陷和位错的相互作用影响了位错的运动特性。文献[116, 117]虽然也对空位和位错的相互作用进行了研究,但主要关注的是空位在位错芯和层错中的形成等能量问题,并未涉及空位对位错运动特性的影响。最近,Li 等人[34]及 Meng 等人[118]利用分子动力学(MD)方法对 60°位错和空位的相互作用进行了研究。但是,到目前为止,有关异质结构中最重要的部分位错与空位的相互作用还是一片空白。

Si 中主要的可滑移位错是 60 度位错和螺位错,它们位于{111}面内并且沿着 <110> 方向分布[22]。随着 60 度位错和螺位错的分解,30 度部分位错和 90 度部分位错成为了 Si 中最重要的失配位错。一般认为 Si 中位错的滑移主要被 30 度部分位错的运动所控制[65]。所以在本章中主要研究 30 度部分位错和空位的相互作用。在 Si,Ge 这样具有较高 P－N 势垒的材料中,位错的运动以弯结对(kink－pair)的形成和弯结沿着位错线方向的迁移实现[14]。这样,30 度部分位错和空位的相互作用便转化为弯结与空位的相互作用。30 度部分位错的位错芯经过重构以后可以形成四种弯结结构,分别为 LK,RK,LC 和 RC。本书在之前内容中已经对这四种弯结的运动特性进行了研究。另外,本书已对空位的结构及能量特性进行了对比研究,并选择出了可用于有关空位计算的经验势函数。在此基础上,本章将重点研究 30 度部分位错与单空位、双空位和六边行空位环的相互作用。

7.2　计算方法及参数设置

由于涉及 30 度部分位错和空位的相互作用,所以计算中所需要的模型尺寸比较大,需要上万个原子的规模。在这种情况下,虽然基于第一性原理的计算方法精度高、可靠性强,但是由于计算能力和方法的限制,它目前还无法应用于较大规模的计算中。基于半经验势函数的计算方法相对于第一性原理方法计算规模虽然有所提高,但是还不能处理较大体系在持续时间比较长的情况下的动态过程。在本章的计算中,选择基于经验势函数的分子动力学方法研究位错与空位的相互作用。由于这种方法可以详细记录体系中每个原子坐标随时间的变化,所以特别适合用来处理含有数万个原子以上的较大体系的动态过程计算中。

由于经验势函数是从实验或者第一性原理结果中拟合得到的，其精度和描述特定缺陷的能力无法得到保证。因此，针对具体的缺陷形式，在计算中必须对经验势函数进行验证。本书在第6章中对常用的描述空位的经验势函数进行了比对，发现SW相对适合于空位的计算中。同时，SW势函数已经被验证可以描述30度部分位错的结构特征[58]，在大应力环境下表现也特别优异[106]。所以本章选择SW势函数描述原子间的相互作用。

分子动力学模拟中采用等温等压系综，即每次计算中系统粒子数N，压力P和温度T保持恒定。计算过程中时间步长设为1 fs，并且沿模型三边施加周期性边界条件。为了实现对体系自然施加剪应力的效果，采用PR[53]方法沿30度部分位错的Burgers矢量方向对模型施加剪切应力，从而使弯结沿着位错线方向运动。

7.3 分子动力学模型

本章包括30度部分位错与单空位和双空位的相互作用两部分。在两种情况分别建立与之相对应的MD模型。

在含有单空位的模型中针对30度部分位错中四种不同的弯结结构，分别建立了不同微观结构的模型。其中LK和RC模型的三边矢量为4[111]，18[11－2]和19.5[1－10]，包含16 848个原子。RK和LC模型的三边矢量分别为4[111]，18[11－2]和20.5[1－10]，包含个17712原子。模型中单根位错线的引入会因为位错的畸变而在模型边界处产生晶格不匹配，无法使用周期性边界条件。为了解决这个问题，在每个模型中引入了具有相反Burgers矢量的位错偶极子，使模型整体Burgers矢量为零。偶极子的两根位错线位于(111)面内，沿[1－10]方向分布，位错线之间相隔为6[11－2]的层错区。由于位错偶极子的引入，必须考虑偶极子中两根位错线之间的相互作用以及偶极子与周围映像之间的相互作用对计算结果可能产生的影响。为此，本章在更大模型12[111]，30[11－2]，31.5[1－10]（LK和RC）以及12[111]，30[11－2]，30.5[1－10]（RK和LC）中计算了位错的形成能。相对于上面的小模型，偶极子的形成能仅变化了0.28%。这表明以上相互作用对本书结果的影响非常小，因而在计算中进行了忽略。在已经建好的含有四种弯结的模型中挖掉一个原子形成单空位。初始模型的具体微观结构在{111}面内的投影如图7－1中所示。因为单空位在Si中比较容易移动，所以将它建立在相对应弯结的一个运动周期之内，以确保运动过程中弯结和空位相遇。

在含有双空位的位错偶极子模型中，由于双空位相对于单空位占有更大的空间，所以需要建立比单空位模型尺寸更大的体系。其中，LK和RC模型的三边矢量为6[111]，20[11－2]和21.5[1－10]，包含31 413个原子。RK和LC模型的三边矢量分别为6[111]，20[11－2]和20.5[1－10]，包含个29 520个原子。与单空位模型相类似，在双空位的每个模型中引入了含有相反Burgers矢量的位错偶极子，位错线之间相隔10[11－2]。为了估算偶极子模型及周期性边界条所引进的位错之间的相互作用，同样在更大模型12[111]，30[11－2]，31.5[1－10]（LK和RC）以及12[111]，30[11－2]，30.5[1－10]（RK和LC）中对位错的形成能进行了计算。相对于上面的小模型，偶极子的形成能仅变化了0.2%。这表明以上相互作用对本书结果的影响非常小，在计算中进行了忽略。在建好的含有四种弯结的模型中挖掉两个相邻原子形成双空位。初始模型的具体微观结构在{111}面内的投影如图7－2中所示。

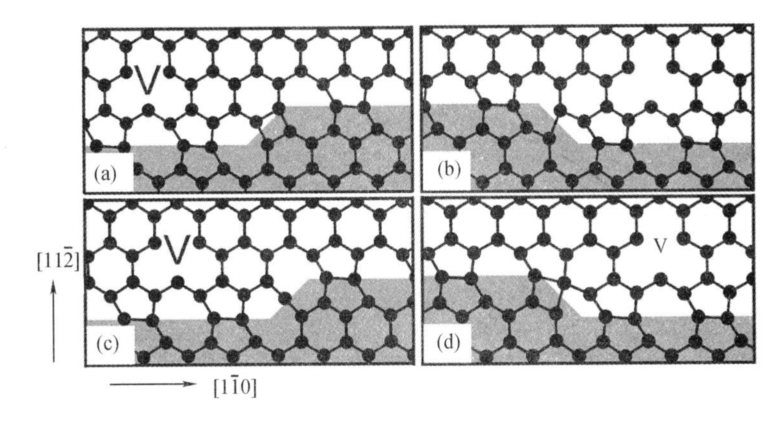

图7-1 30度部分位错中四种弯结和单空位(V_1)在(111)面内的投影

(a)左弯结(LK)和V_1;(b)右弯结(RK)和V_1;

(c) LK-重构缺陷(LC)和V_1;(d)RK-重构缺陷(RC)和V_1,其中阴影部分表示层错区

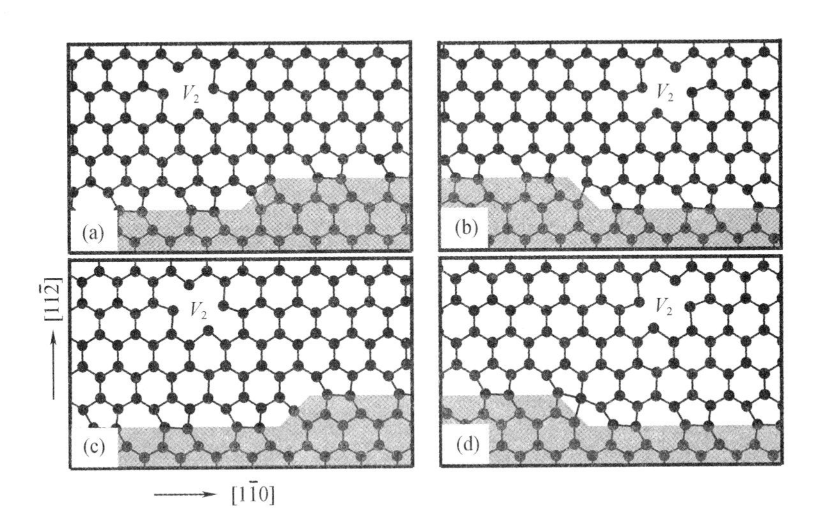

图7-2 30度部分位错中四种弯结和双空位(V_2)在(111)面内的投影

(a)左弯结(LK)和V_2;(b)右弯结(RK)和V_2;

(c)LK-重构缺陷(LC)和V_2;(d)RK-重构缺陷(RC)和V_2,其中阴影部分表示层错区

六边形空位环模型的建立是在含有四种弯结模型中挖掉六个环状原子形成六边形空位环。初始构型必须经过体系优化之后才能获得最低的稳定结构。采用退火算法对系统坐标进行优化,首先使系统在1 000 K温度下进行弛豫,然后逐渐降低温度直到达到稳定状态。在这一过程中,六边形空位环(V_6)的原子坐标也得到了优化,每个空位的2个近邻原子相互靠近重新成键。

7.4 30度部分位错与单空位的相互作用

7.4.1 30度部分位错与单空位的相互作用过程

针对图7-1中所示的四种模型,分别在不同温度、剪切应力条件下进行分子动力学计算。模拟中温度的设定从800 K开始,每增加50 K做一次计算。根据第3章中的计算结果可知,当温度大于1 000 K后,LK会在位错线上产生一个或多个弯结对,而RK则可能发生分解。所以,为了避免计算过程中产生其他形式的缺陷而影响位错和单空位的相互作用,将模拟温度上限设定为1 000 K。同时,考虑到30度部分位错中四种弯结的迁移势垒都比较大,运动速度比较慢,计算中对模型所施加的剪应力最低为2.5 GPa,每增加0.025 GPa进行一次计算。由于单空位特别容易移动,所以位错滑过空位后就将单空位固定在模型中。每次计算持续400 ps,每间隔0.05 ps记录一次模型的构型。

计算完成后,对不同时刻的微观构型进行比较。通过对比后发现,弯结在在外加剪应力作用下从图7-1所示的初始位置开始沿位错线向左(LK和LC)或右(RK和RC)运动;当弯结运动到单空位所在的位置后与空位相遇。相遇过程持续一段时间后,单空位被30度部分位错所吸收,形成如图7-3所示的能够在较长时间内存在的稳定结构。从图7-3中可以看出,LK,RK,LC和RC分别和单空位形成了四种不同的结构,位错线其余部分仍然保持原来构型没有改变。

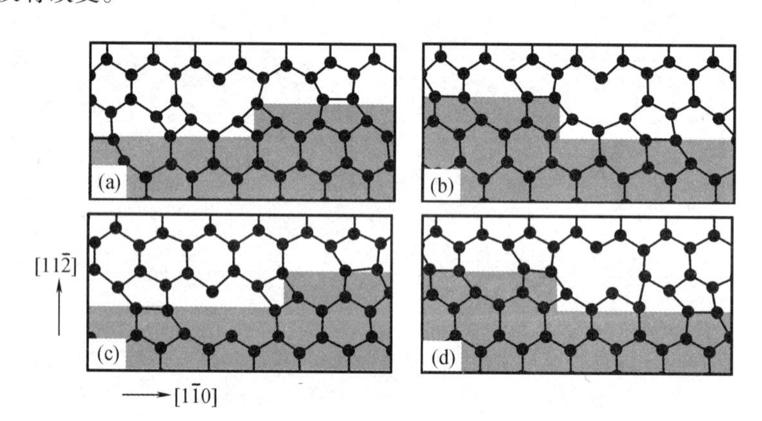

图7-3 单空位和弯结相互作用后所形成的稳定结构在(111)面内的投影

(a)LK和V_1相遇后的稳定结构;(b)RK和V_1相遇后的稳定结构;

(c)LC和V_1相遇后的稳定结构;(d)RC和V_1相遇后的稳定结构,其中阴影部分表示层错区

7.4.2 临界剪应力

在温度保持恒定的情况下,施加的剪应力比较小时,位错线和空位相遇后形成如图7-3所示的稳定结构而无法继续移动。如果在400 ps以后位错仍然没有脱离单空位,就认为位错被单空位所钉扎。虽然位错被钉扎部分无法运动,空位两端的位错线在外加剪应力作用下继续向前运动,位错线被拉弯。在位错刚被钉扎的情况下,继续增大剪应力,直到位错线开始脱离单空位的钉扎。当位错脱离钉扎后,它滑过单空位继续沿位错线方向运动,

而单空位则被遗留在了晶体中。将位错线在某温度条件下脱离单空位钉扎所需要的最小剪应力值称为该温度条件下的临界剪应力。图 7－4 中所示为 LK,RK,LC 和 RC 在不同温度条件下的临界剪应力。

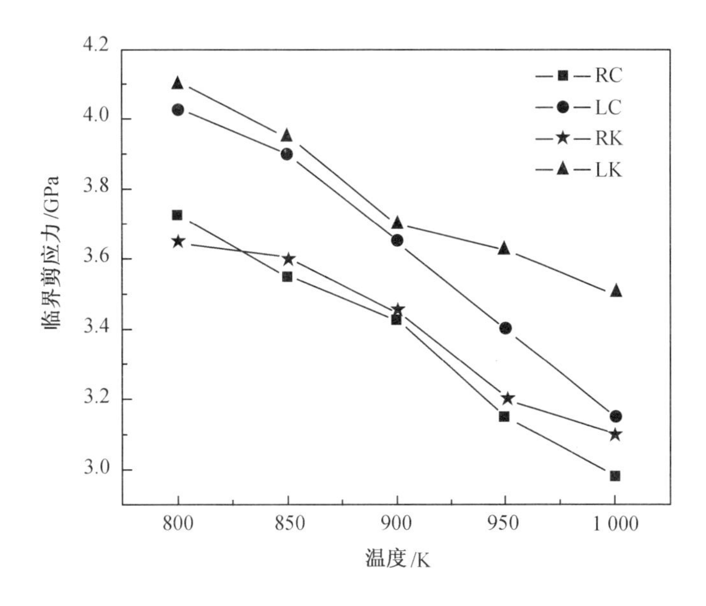

图 7－4　LK,RK,LC 和 RC 在不同温度条件下脱离单空位钉扎所需要的临界剪应力值

通过图 7－4 可以看出,在温度比较低的条件下,位错脱离单空位钉扎所需要的临界剪应力相应的就较大。随着温度的升高,位错运动能力增强,位错脱离单空位钉扎所需要的临界剪应力也随之变小。随着温度的升高,临界剪应力近似线性下降。在相同的温度条件下,四种弯结结构中 RC 最容易挣脱单空位的钉扎。这主要是因为 RC 的迁移势垒(1.12 eV)在四种弯结中最小,运动能力最强,所以也最容易脱离钉扎。而 LK 的迁移势垒(2.84 eV)在四种弯结中最大,运动能力最弱,所以也最容易被单空位所钉扎。

7.4.3　单空位对 30 度部分位错运动速度的影响

为了研究单空位对 30 度部分位错运动速度的影响,本章对不含有单空位模型的运动在相同的外界条件下进行了模拟计算。之后,将不含有单空位运动过程的结果与含有单空位体系的模拟结果进行了对比。通过对比发现,单空位对滑过它的 30 度部分位错有明显的加速作用。其中,LK,RK,LC 和 RC 在应力为 4 GPa,温度为 1 000 K 条件下,两种体系中的位错运动到晶体相同位置附近所需的时间及位错线形状在图 7－5 中给出。

在初始模型中,图 7－5 中上下部分的位错线处于模型中的相同位置。施加剪应力后,不含单空位的体系中的位错一直向左运动,如图 7－5 中上半部分所示。同时,含有单空位模型中的位错滑过空位后继续向左运动,单空位被遗留在晶体中,如图 7－5 下半部分所示。通过图 7－5 中时间的比较后发现,在两种体系中位错运动到相同位置附近 RC 需要的时间最短,LK 需要的时间最长。这与上面所提到的 RC 和 LK 的运动能力是一致的。同时可以看出,同一种弯结中的位错线到达相同位置附近时,含有单空位的体系所需要的时间比不含单空位的体系所需要的时间要短,即单空位加速了位错的运动。这一现象的解释如下:

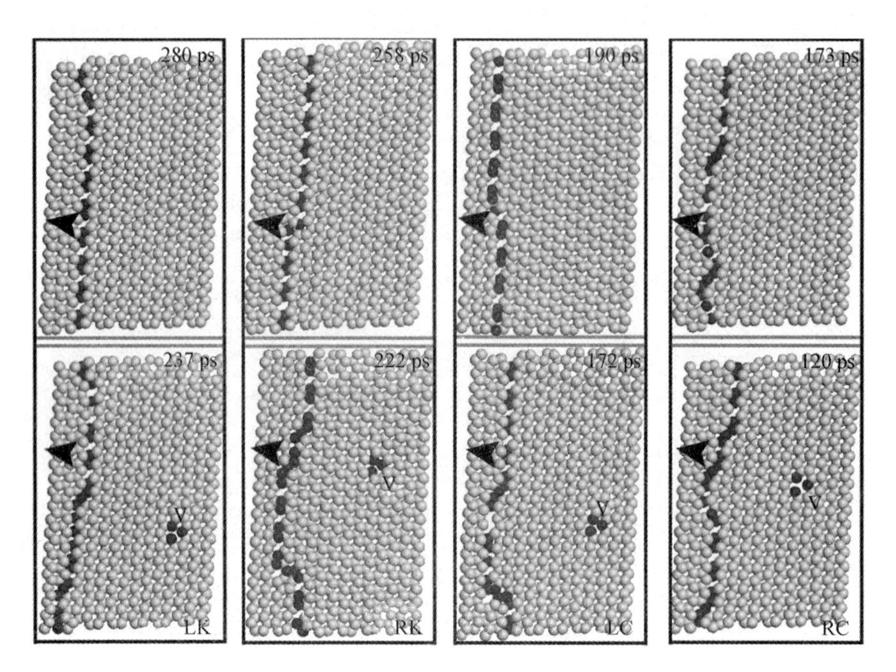

图 7-5　4 GPa,1 000 K 条件下,不含单空位(上半部分)和含有单空位(下半部分)的模型中位错运动到相同位置附近后的位错线结构和所需要的时间

(其中黑色原子为(111)面内位错芯原子和单空位的近邻原子,箭头表示位错的运动方向)

第3章已经指出了30度部分位错中弯结的运动是通过原子间的断键、键的旋转和重新成键实现的。在30度部分位错和单空位相遇之前,每个单空位带来了四个悬键和附加的张力环境,使由于位错的引入而带来的压应力得以缓解,位错芯中原子间成断键更容易,从而加速了位错的运动。此外,相遇之后由于单空位的钉扎作用,位错在运动过程中形成V字形的结构,位错线被拉长的同时能量变大。因此,当位错脱离单空位的钉扎后,除受外加剪应力作用外,位错线本身还存在降低自身能量所产生的回复力,加速了位错的运动。同时,如图7-5中下半部分图形所示,由于多个悬键的存在,单空位与位错相遇后在位错芯形成了多个弯结结构,提高了位错线的运动能力。

7.5　30度部分位错与双空位的相互作用

7.5.1　30度部分位错与双空位的相互作用过程

30度部分位错与双空位的相互作用的分子模拟过程与单空位的基本类似。它也是针对图7-2中所示的四种模型,分别在不同温度、剪切应力条件下进行分子动力学计算。模拟中温度的设定从800 K开始,每增加50 K做一次计算,最高为1 000 K。计算中所施加的剪应力最低为2.5 GPa,每增加0.025 GPa进行一次计算。每次计算持续450 ps,每间隔0.05 ps记录一次模型的构型。

计算完成后,对相同条件下不同时刻的微观构型进行了比较。对比后发现,弯结在外加剪应力作用下从图7-2所示的初始位置开始沿位错线向左(LK和LC)或右(RK和RC)

运动。在图 7 - 6(a) 中,30 度部分位错与双空位相遇后被钉扎,整个位错线被双空位分成两部分,每部分在空位处有一个固定端,在边界表面有一个自由端,两者之间为位错线自由臂。虽然位错在空位处被钉扎,模型左右边界处的自由端在外加剪切应力作用下仍然向前运动。在位错挣脱空位钉扎之前,位错线被拉长,形成如图 7 - 6(b) 中所示的 V 字形结构。如果所加剪切应力不足以使位错脱离空位的钉扎,双空位两侧的自由臂会在自由端的带动下继续向前运动,直到两者相遇。图 7 - 6(c) 中所示即为被双空位钉扎后的 30 度部分位错自由臂在{111}面内相遇后的情况。从图中可以看出,由于双空位并不是处在位错线的中间位置,所以左右两段自由臂不相等,造成了图中所示的位错相遇后斜躺在{111}面内。

在图 7 - 6(b) 中,如果外加剪切应力继续增大,存在一个临界应力值,使得位错开始脱离双空位的钉扎。当位错脱离双空位的钉扎后,之前被钉扎的部分开始随着自由臂一起运动。需要注意的是,在图 7 - 6(b) 中 30 度部分位错线被拉长后,位错能量增大。位错为了降低自身能量,存在一个使位错恢复直位错线状态的回复力。在回复力和外加剪切应力的双重作用下,之前被双空位钉扎部分相对于其他两端速度变快,如图图 7 - 6(d) 中所示。

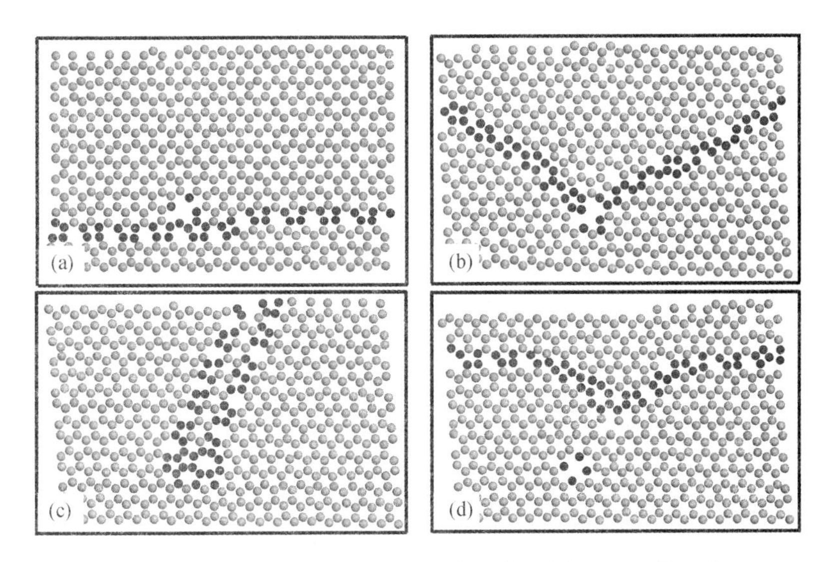

图 7 - 6　30 度部分位错和双空位在{111}面内相互作用的示意图

(a)→(b)→(c):30 度部分位错被钉扎的过程;

(a)→(b)→(d):30 度部分位错脱离钉扎后加速运动的过程

7.5.2　临界剪应力

LK,RK,LC 和 RC 在不同温度条件下的临界剪应力如图 7 - 7 中所示。从图中可以看出,在温度比较低的条件下,位错脱离双空位钉扎所需要的临界剪应力相应的就比较大,随后临界剪应力曲线随着温度的升高近似线形下降。这主要是因为温度的升高使位错运动能力增强,位错脱离双空位钉扎所需要的临界剪应力也随之变小。从图中还可以看出,在相同的温度条件下,含有弯结的 30 度部分位错挣脱双空位钉扎的先后顺序为 RC,LC,RK 和 LK。这主要是因为 30 度部分位错的运动能力是由弯结的迁移势垒的大小所决定的[62, 65]。在本书第 3 章中通过 NEB 计算已经得到了弯结的迁移势垒为 RC (1.12 eV) < LC (1.82 eV) < RK (2.29 eV) < LK (2.84 eV)。它们与图 7 - 7 中所示的弯结脱离双空位

钉扎的能力一一对应。这表明30度部分位错挣脱双空位钉扎的临界剪应力的值也主要由弯结迁移势垒的大小所决定。

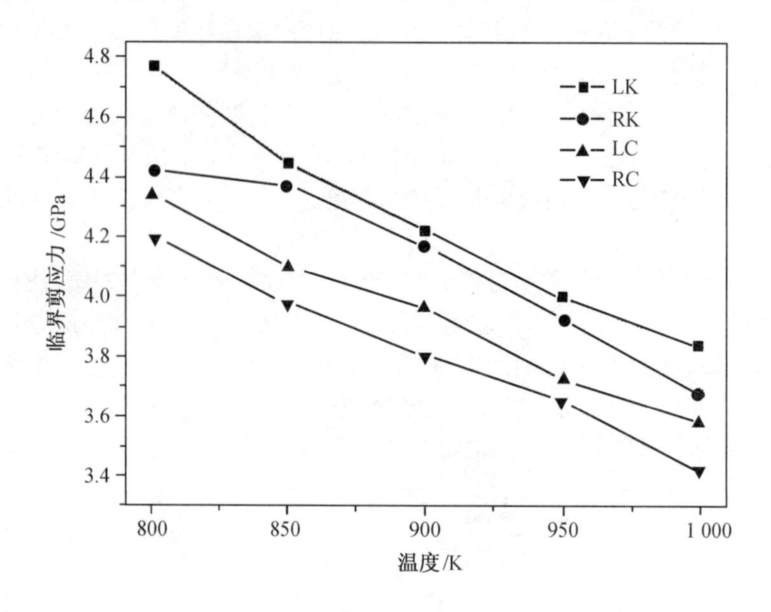

图7-7 LK,RK,LC和RC在不同温度条件下脱离双空位钉扎所需要的临界剪应力值

7.5.3 双空位对30度部分位错运动速度的影响

为了研究双空位对30度部分位错运动速度的影响,针对四种弯结结构,本章在剪应力为4 GPa,温度为1 000 K条件下对不含有双空位和含有双空位的体系进行了对比研究。在外加剪应力作用下,两种模型中的位错从相同位置开始运动。当30度部分位错与双空位相遇后,受到一定的钉扎作用。其后脱离空位钉扎继续向前运动。在相同的情况下不含空位的模型中位错一直向前运动。当两种模型中位错到达相同位置附近,整个过程所需要的时间及最后的位错线结构如图7-8所示。

通过图7-8中时间的比较后发现,在不含双空位模型和含有双空位模型两种体系中位错运动到相同位置附近RC所需要的时间最短,其次为LC和RK,LK需要的时间最长。这与第三章中所得到的弯结的迁移势垒及弯结的运动能力是一致的。这也验证了30度部分位错挣脱双空位钉扎的能力主要由弯结迁移势垒的大小所决定。从图7-8中同一种弯结上、下图中时间的对比可以看出,位错线到达相同位置附近时,含有双空位的体系(下半部分图形)所需要的时间比不含双空位的体系(上半部分图形)所需要的时间要短。这表明30度部分位错滑过双空位以后位错的运动速度变快。这一结论可以通过以下两方面解释,一方面为位错在钉扎过程中所产生的回复力。在不含双空位的模型中,位错只是在外加剪切应力作用下运动。但是在含有双空位的模型中,位错脱离钉扎后除了受所施加的剪切应力作用外,额外的回复力会使位错加速运动。另一方面,本书在第三章中得出30度部分位错中弯结的运动是通过原子间断键、重新成键实现的。双空位的引入所带来的张力环境有利于30度部分位错的压应力环境的释放,位错芯中原子间成断键更容易,从而加速了位错的运动。此外,每个双空位的引入带来了六个悬键,使得空位与位错相遇后在位错芯容易

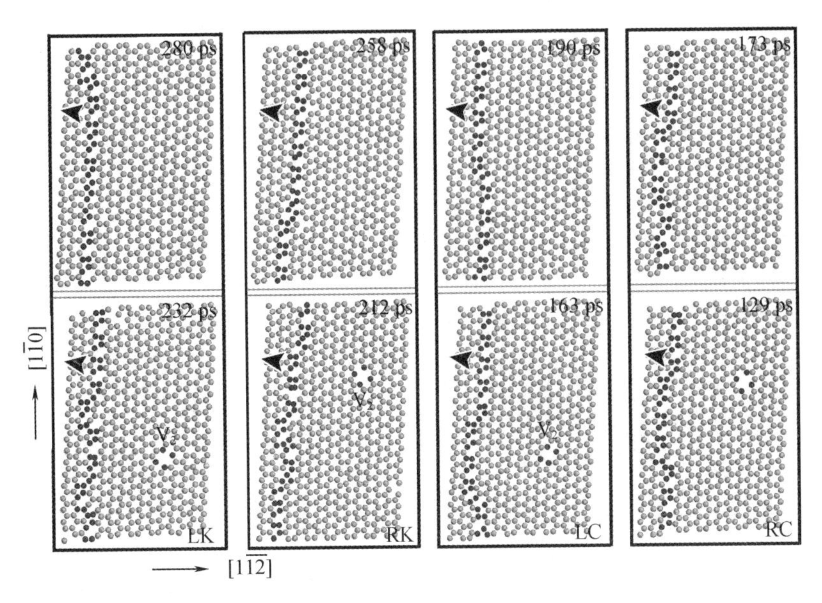

图7-8　在4 GPa,1 000 K条件下,不含双空位(上半部分)和含有双空位(下半部分)的模型中位错运动到相同位置附近后的位错线结构和所需要的时间

(其中黑色原子为(111)面内位错芯原子和双空位的近邻原子,箭头表示位错运动方向)

形成如图7-5中下半部分图形所示的多弯结结构。这相对于图7-5中上半部分图形中所示的只含有一个弯结的结构来说,位错的运动能力肯定会提高。

7.6　30度部分位错与空位环的相互作用

7.6.1　30度部分位错与空位环的相互作用过程

通过一系列分子模拟计算,得到了相互作用过程中不同时刻模型的微观结构。通过对比后发现,LK、LC、RK和RC在外加剪应力作用下从初始位置开始沿位错向左(LK和LC)或者向右(RK和RC)运动。当弯结运动到六边形空位环的位置后与之相遇。整个位错线在六边形空位环处被分成两部分,每一部分在空位处被钉扎,在模型边界处形成一个自由端,如图7-9(a)中所示。当施加的剪应力比较小时,30度部分位错的运动被六边形空位环所阻碍。如果在400 ps以后位错仍然没有脱离六边形空位环继续向前运动,就认为位错被空位所钉扎。位错虽然在空位处被钉扎,但其两侧部分在外加剪切应力作用下继续运动,这一过程中位错线被拉长,形成图7-9(b)中所示的V字形结构。之后,空位两侧位错线会发生相遇,并且存在两种情况。当相遇后的位错线结构相同时,两部分平行存在,如图7-9(c)及图7-10中所示。

由于六边形空位环不是位于位错线的中间位置,所以空位两侧的位错线的长度不相等,造成了图7-10中所示的位错相遇之后斜躺在{111}面内的情形。当相遇后的位错线两部分的结构不相同时,位错发生湮灭,只剩六边形空位环在晶体中。当弯结与六边形空位环相遇后,如果外加剪切应力足够大,则位错脱离空位钉扎继续向前运动,如图7-9(d)所示。这一过程中应力存在一个临界值,使位错刚刚能够脱离六边形空位环的钉扎。将位

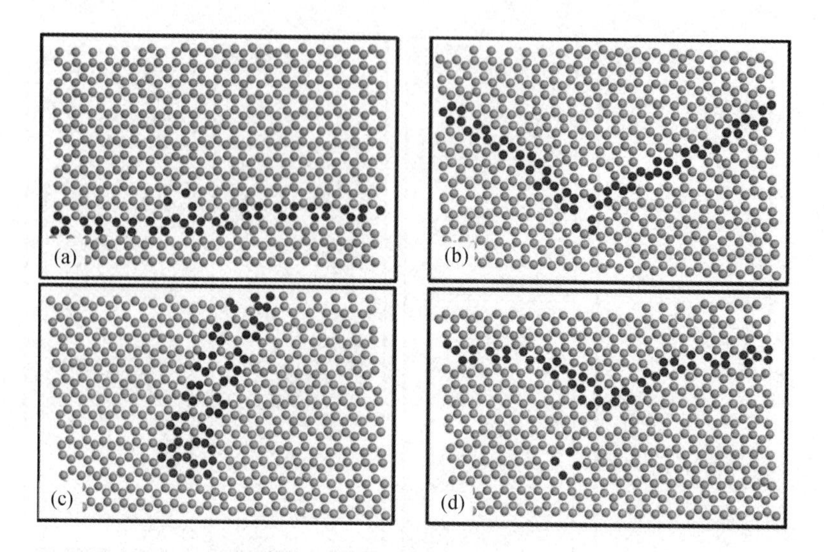

图 7-9 度部分位错与六边形空位环的相互作用示意图

错在某一温度条件下脱离空位钉扎所需要的最小应力称为这一温度条件下的临界剪应力 τ_c。当位错脱离六边形空位环钉扎后，被钉扎部分开始与自由臂一起运动。由于位错在与空位相互作用过程中位错线被拉长，能量增大，所以位错为了减小自身能量，存在着一个所谓的回复力促使位错恢复直线状态。在回复力与外加剪切应力的作用下，位错线中间被空位钉扎部分相对于其他部分速度要快，如图 7-9(d)中所示。

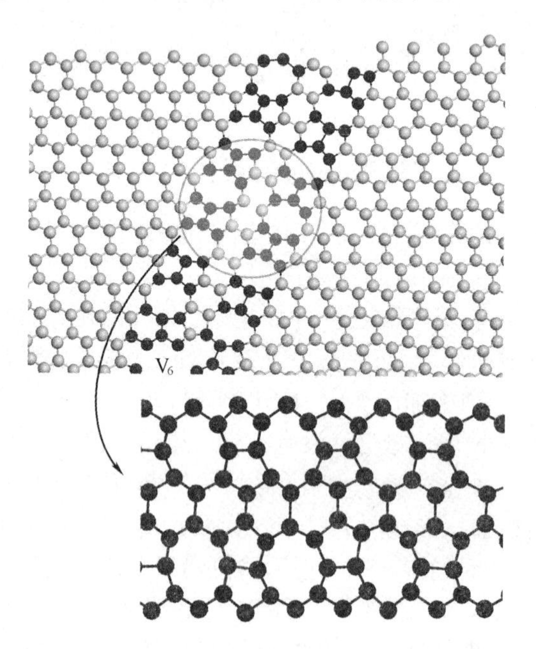

图 7-10 两 30 度部分位错相遇后平行存在

7.6.2　临界剪应力

图7-11中所示为30度部分位错中四种弯结在不同温度条件下的临界剪应力。

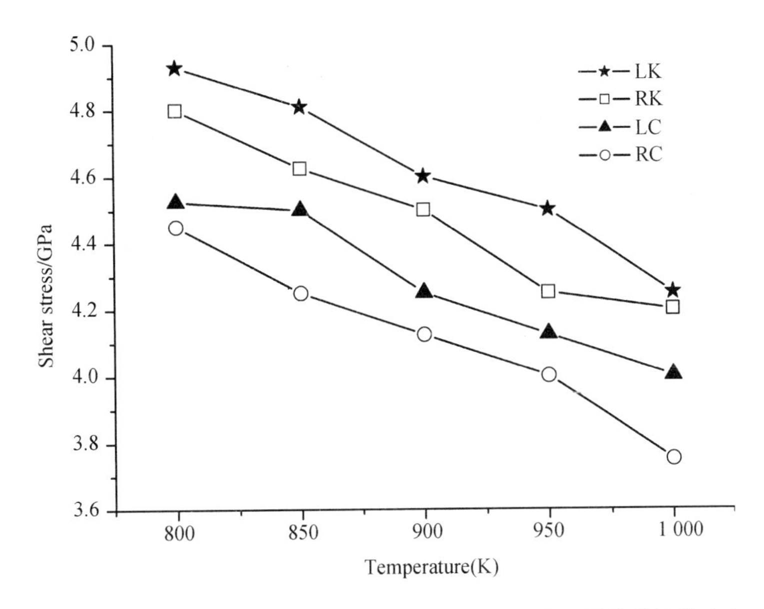

图7-11　四种弯结在不同温度下挣脱六边形空位环钉扎的临界剪应力

图7-11中的曲线表明,在相同的温度条件下,四种弯结结构中RC最容易挣脱六边形空位环的钉扎,其后依次为LC,RK和LK。这可能是因为弯结的迁移势垒而非形成能控制着30度部分位错的运动能力。而30度部分位错中四种弯结的迁移势垒大小为RC(1.12 eV)<LC(1.82 eV)<RK(2.29 eV)<LK(2.84 eV)[87],与图7-11得到的弯结脱离六边形空位环钉扎所需要的临界剪应力的大小一一对应。由此可以得出30度部分位错挣脱六边形空位环钉扎的临界剪应力主要由弯结的迁移势垒所决定,即迁移势垒越大的弯结,运动能力越弱,越容易被六边形空位环钉扎;而迁移势垒越小的弯结,运动能力越强,越不容易被六边形空位环所钉扎。这一结论与之前得到的有关30度部分位错挣脱单空位和双空位钉扎的结果是一致的。对于每一条曲线,随着温度的升高,临界剪应力τ_c与温度几乎成比例的线性下降。另外,当温度比较低的时候,30度部分位错挣脱六边形空位环钉扎所需要的临界剪应力比较大。随着所加温度的升高,30度部分位错的运动能力变强,位错脱离六边形空位环钉扎所需要的临界剪应力也跟着变小。

7.6.3　空位环对30度部分位错运动速度的影响

为了进一步研究六边形空位环对30度部分位错运动特性的影响,本章对含有六边形空位环和未含六边形空位环模型的运动情况在4.5 GPa、1 000 K条件下进行对比研究。首先利用上述中建立模型的方法构建不含空位缺陷的30度部分位错的LK、LC,RK和RC模型。然后构建与之结构和位错位置相同的含有六边形空位环的模型。对两种模型在4.5 GPa、1 000 K条件下进行500 ps的分子动力学模拟。当弯结运动到模型相似位置时(约3 nm)记录所需要的时间和当时结构进行对比,如图7-12所示。

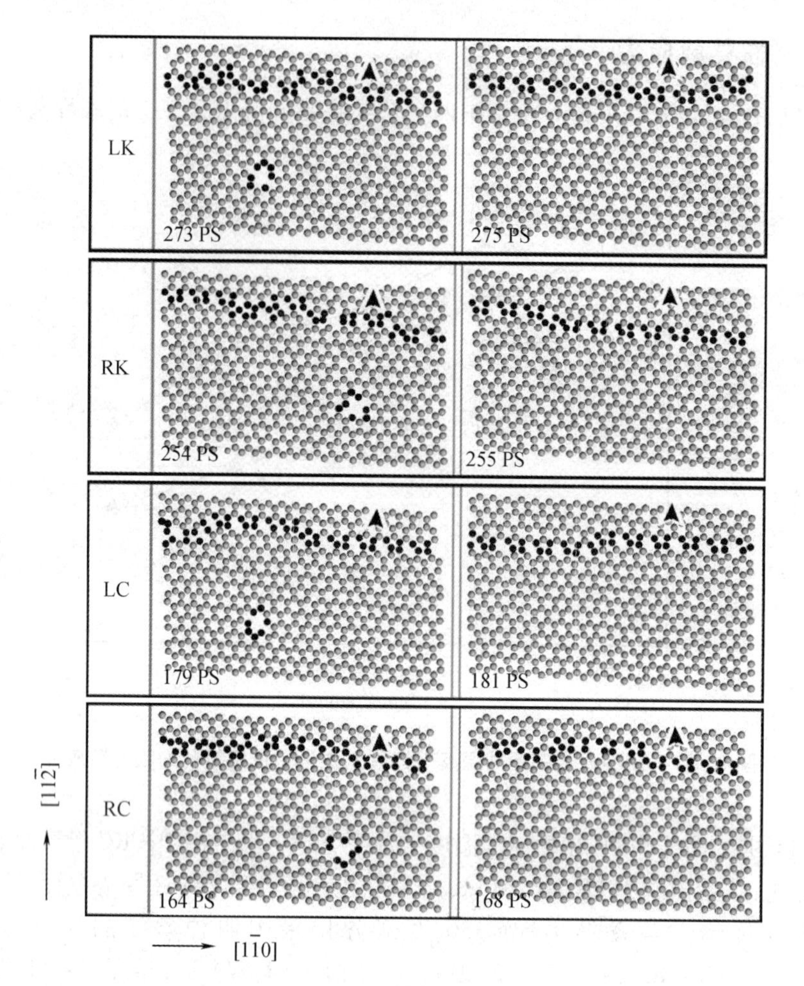

图 7-12 含有六边形空位环与不含六边形空位环模型在 4.5 GPa，1 000 K 条件下运动到相似位置所需时间及结构对比

（黑色原子代表 30 度部分位错的位错芯原子和空位的近邻原子，箭头表示位错运动方向）

含空位模型和不含空位模型中的位错线从相同位置在外加剪应力作用下同时开始运动。运动过程中，不含六边形空位环的体系中的 30 度部分位错一直向前运动，如图 7-12 右半部分所示。而含有空位模型的位错线先是被钉扎，然后脱离钉扎后滑过六边形空位环继续向前运动，空位环被遗留在晶体当中，如图 7-12 左半部分所示。通过对比后发现，两种模型中 30 度部分位错运动到相同位置时迁移势垒比较低的弯结需要的时间比势垒高的弯结要短，这与之前得到的结论是一致的。另外，对于同一种弯结，含有六边形空位环所需要的时间与不含空位的模型所需要的时间几乎一样。在 30 度部分位错与六边形空位环相互作用过程中已经发现位错脱离空位钉扎后在回复力和外加剪应力的双重作用下会发生加速运动的过程。

通过对比发现当位错线滑过空位后最后的加速效果并不明显。这主要是因为六边形空位环对 30 度部分位错的钉扎能力比较强，即位错克服钉扎而继续滑动需要很长时间，抵消了空位对位错的加速效果。另外，本章所采用的模型相对于宏观物体的尺寸要小很多，因此六边形空位环对位错的加速效果不能完全的体现出来。

7.7　30 度部分位错与空位相互作用的对比研究

7.7.1　临界剪应力对比

综合之前有关单空位、双空位和六边形空位环与 30 度部分位错相互作用的研究结果，进行如下对比研究。三种空位基本代表了 Si 中空位的所有形态，所以对比结果具有普遍意义。单空位、双空位和六边形空位环与 30 度部分位错相互作用的过程基本类似，根据所施加剪应力的大小分为钉扎过程和脱离钉扎过程。其中的分界点就是临界剪应力 $\tau_c(V_6)$，并将位错挣脱三种空位钉扎的临界剪应力分别记为 $\tau_c(V_1)$，$\tau_c(V_2)$ 和 $\tau_c(V_6)$。在不同温度条件下，LK，RK，LC 和 RC 克服单空位、双空位和六边形空位环的临界剪应力分别如图 7－13～图 7－16 所示。

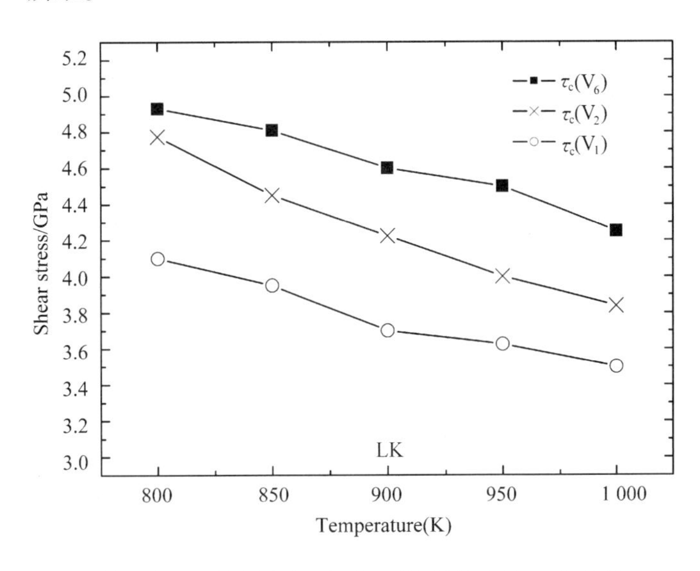

图 7－13　左弯结在不同温度下挣脱单空位、双空位及六边形空位环钉扎时的临界剪应力

通过以上四图可以看出，30 度部分位错在克服单空位、双空位和六边形空位环钉扎时表现出相似的规律，即临界剪应力随着温度的升高几乎线性规律下降。这主要是因为随着所加温度的升高，位错的运动能力逐渐变强，位错脱离空位钉扎越容易。综合四种弯结的临界剪应力图发现，相同温度下迁移势垒低的弯结最不容易被钉扎。另外，对于同一种弯结来说，临界剪应力大小的顺序为 $\tau_c(V_1) < \tau_c(V_2) < \tau_c(V_6)$。说明相同条件下 30 度部分位错最容易脱离单空位的钉扎，而脱离六边形空位环的钉扎需要的应力最大。因此可以得出结论，30 度部分位错脱离空位钉扎的能力不但与弯结的迁移势垒有关，还与空位的体积有关，体积越大，对位错的钉扎能力越强。

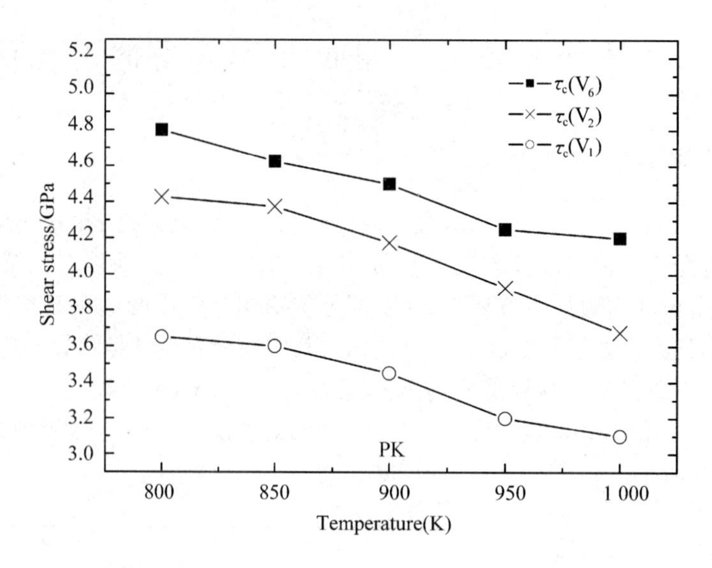

图 7-14 右弯结在不同温度下挣脱单空位、双空位及六边形空位环钉扎时的临界剪应力

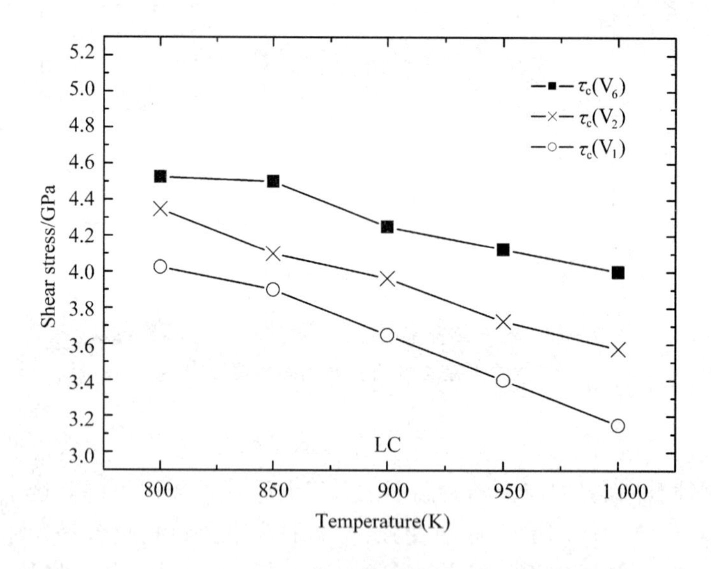

图 7-15 左弯结-重构缺陷在不同温度下挣脱单空位、双空位及六边形空位环钉扎时的临界剪应力

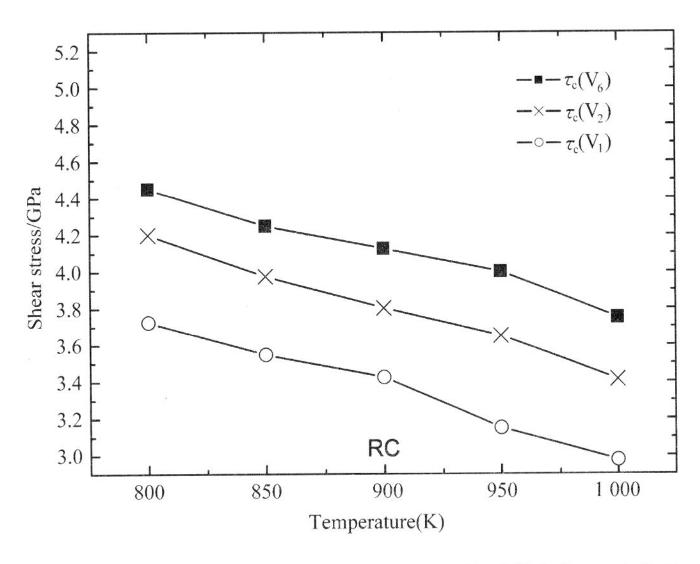

图7-16　右弯结-重构缺陷在不同温度下挣脱单空位、双空位及六边形空位环钉扎时的临界剪应力

7.7.2　空位对位错运动特性影响的对比

对比研究空位对30度部分位错运动特性的影响需要比较各种空位在相同条件下的计算结果。由于LK与六边形空位环相互作用的最小临界剪应力为4.4 GPa(在1 000 K条件下),所以选择在4.5 GPa、1 000 K条件下对比研究三种空位对于30度部分位错运动特性的影响。针对包含四种弯结和单空位、双空位和六边形空位环的模型进行计算,列于表7-1中。

表7-1　在未含空位、含有六边形空位环、双空位和单空位模型中位错运动3 nm所需时间的比较

	Time/ps			
Vacancies	LK	RK	LC	RC
No vacancy	275	255	181	168
V_6	273	254	179	164
V_2	230	211	153	102
V_1	222	210	148	93

通过表7-1中时间的比较后发现,在未含空位模型和含有单、双空位模型体系中位错运动所需要的顺序为RC<LC<RK<LK,这与之前所得到的在其他温度和剪应力条件下的结论完全一致。另外,含有单、双空位体系的时间相对于不含空位模型的时间要短。这说明单、双空位对滑过它的30度部分位错有加速作用。这主要是因为位错在被钉扎过程中产生了额外的回复力。而在不含空位的模型中,30度部分位错仅仅在外加剪切应力的作用下运动,因此回复力使30度部分位错加速运动。另外,空位对30度部分位错带来的张力环境有利于位错压应力环境的释放,使原子间成、断键变得容易,加速了位错的运动速度。最

后,每个空位引入了4个悬键,使得位错滑过空位后容易形成多弯结的结构。这相对于只含有一个弯结的无空位模型来说,位错运动能力被大大提高。按照以上解释,当30度部分位错滑过六边形空位环之后,也应该被加速。但是表7-1中的结果表明加速效果并不明显。这可能是因为六边形空位环相对于其他空位具有较大的空位体积,对位错的钉扎能力比其他空位要强。所以,位错脱离六边形空位环的钉扎需要更多的时间,使得最后空位对位错的加速效果并不明显。再者,分子模拟中所使用的模型毕竟是属于纳米尺寸的,相对于实际的物体的尺寸要小很多,这可能造成了空位环对30度部分位错的加速效果无法在有限的时间和尺度下体现出来。

7.8 本章小结

本章利用基于SW经验势函数的分子动力学方法对比研究了30度部分位错与单空位、双空位和位错环的相互作用。详尽描述了30度部分位错与空位相互作用的过程。通过不同时刻构型的对比发现,在温度恒定条件下剪应力较小时空位对位错有钉扎作用。当所施加的剪应力达到临界剪应力值时,位错线开始挣脱空位的钉扎继续运动。通过计算不同温度条件下位错脱离空位钉扎的过程,得到了位错挣脱空位钉扎的临界剪应力随温度变化的曲线。在该曲线的基础上发现随着温度的升高,位错的运动能力增强,临界剪应力近似线性下降。通过对单空位、双空位和六边形空位环与30度部分位错的相互作用的对比研究发现,位错挣脱空位钉扎的能力一方面与弯结的迁移势垒有关:迁移势垒越小,运动能力则越强,位错越容易脱离空位钉扎;另一方面与空位的体积有关:空位的体积越大,对位错的钉扎能力越强,位错脱离空位钉扎所需要的临界剪应力就越大。通过相同条件下不含空位和含有空位的两种体系中结果的对比后发现,空位的引入使位错运动过程中原子间的成键、断键变得容易;由于多个悬键的存在,位错线中可以形成多个弯结结构。同时,由于回复力的引入,使得30度部分位错脱离单、双空位钉扎后的运动加速。这一结论从微观尺度上解决了空位是加速还是阻碍了位错运动的争议。对于空位环,发现被钉扎的位错线的两部分相遇后如果结构相同,就会并行存在,而其他情况下相遇的两部分会发生湮灭,从而降低位错密度。

参 考 文 献

[1] Y. B. Bolkhovityanov, O. P. Pchelyakov, L. V. Sokolov, S. I. Chikichev. Artificial GeSi substrates for heteroepitaxy: achievements and problems[J]. Semiconductors. 2003, 37(5):493 ~ 518.

[2] 蒋荣华, 肖顺珍. 半导体硅材料最新发展现状[J]. 半导体技术。2002, 27(2):3 ~ 6.

[3] P. A. Packan. DEVICE PHYSICS: Pushing the Limits[J]. Science. 1999, 285(5436): 2079 ~ 2081.

[4] S. V. Elshocht, M. Caymax, T. Conard, S. De Gendt, I. Hoflijk, M. Houssa, F. Leys, R. Bonzom, B. De Jaeger, J. Van Steenbergen, W. Vandervorst, M. Heyns and M. Meuris. Study of CVD high-k gate oxides on high-mobility Ge and Ge/Si substrates[J]. Thin Solid Films. 2006, 508(1 ~ 2):1 ~ 5.

[5] D. Buca, B. Hollander, H. Trinkaus, et al.. Tensely strained silicon on SiGe produced by strain transfer. Appl. Phys. Lett. 2004, 85(13):2400 ~ 2501

[6] 张厥宗. 半导体工业的发展概况[J]. 电子工业专用设备. 2005, 34(3):9 ~ 16.

[7] J. H. van der Merwe. Crystal Interfaces[J]. Part I. Semi-Infinite Crystals. J. Appl. Phys. 1963, 34:117 ~ 122.

[8] C. W. Liu, S. Maikap, C. Y. Yu. Mobility Enhancement Technology[J]. IEEE Circuits & Devices Magzine. 2005, 5:21 ~ 36.

[9] 刘红, 陈将伟. 纳米碳管异质结的结构及其电学性质[J]. 物理学报. 2003, 3(52): 664 ~ 667.

[10] I. J. Fritz. Role of experimental resolution in measurements of critical layer thickness for strained-layer epitaxy[J]. Appl. Phys. Lett. 1987, 51(14):1080 ~ 1082.

[11] 余金中. 硅锗的性质[M]. 北京:国防工业出版社, 2002.

[12] F. C. Frank and J. H. Van der Merwe. One-Dimensional Dislocations. I[J]. Static Theory. Proc. R. Soc. Lond. A (UK). 1949, 198:205 ~ 216.

[13] J. W. Matthews and A. E. Blakeslee. Defects in Epitaxial Multilayers I. Misfit Dislocations. J. Cryst. Growth. 1974, 27:118 ~ 125.

[14] J. P. Hirth and J. Lothe. Theory of Dislocations[M]. Second edition. Wiley, 1982.

[15] J. C. Bean, L. C. Feldman, A. T. Fiory, et al.. $Si_{1-x}Ge_x$ Strained - layer superlattice grown by molecular beam epitaxy[J]. J. Vac. Sci. Technol. A. 1984, 2:436 ~ 440.

[16] D. C. Houghton, C. J. Gibbings, C. G. Tupen, et al.. Equilibrium critical thickness for $Si_{1-x}Ge_x$ strained layers on (100) Si[J]. Appl. Phys. Lett. 1990, 56:460 ~ 462.

[17] M. L. Green. Mechanically and thermally stable Si-Ge films and heterojunction bipolar transistors grown by rapid thermal chemical vapor deposition at 900 ℃[J]. J. Appl. Phys. 1991, 69:745 ~ 751.

[18] G. Abstreiter, H. Brugger, T. Wolff, H. Jorke and H. J. Herzog. Strain-Induced Two-

Dimensional Electron Gas in Selectively Doped Si/Si_xGe_{1-x} Superlattices[J]. Phys. Rev. Lett. 1985, 54:2441 ~ 2444.

[19] H. Chen, L. W. Guo, Q. Cui, et al.. Low-temperature buffer layer for growth of a low-dislocation-density SiGe layer on Si by molecular-beam epitaxy[J]. J. Appl. Phys. 1996, 79(2):1167 ~ 1169.

[20] Y. H. Luo, J. Wan, R. L. Forrest, J. L. Liu, et al.. High-quality strain-relaxed SiGe films grown with low temperature Si buffer[J]. J. Appl. Phys. 2001, 89:8279 ~ 8283.

[21] J. Godet, L. Pizzagalli and S. Brochard. Theoretical study of dislocation nucleation from simple surface defects in semiconductors[J]. Phys. Rev. B. 2004, 70:054109 ~ 054117.

[22] F. K. LeGoues, B. S. Meyerson, J. F. Morar, and P. D. Kirchner. Mechanism and conditions for anomalous strain relaxation in graded thin films and superlattices[J]. J. Appl. Phys. 1992, 71:4230 ~ 4243.

[23] J. Rabier, J. L. Demenet. On a change in deformation mechanism in silicon at very high stress: new evidences[J]. Scr. Mater. 2001, 45:1259 ~ 1265.

[24] M. S. Duesbery and B. Joos. Dislocation Motion in Silicon-the Shuffle/Glide Controversy [J]. Philos. Mag. Lett. 1996, 74:253 ~ 258.

[25] I. L. F. Ray and D. H. J. Cockayne. The dissociation of dislocation in silicon[J]. Proc. R. Soc. London, Ser. A. 1971,325:543 ~ 554.

[26] A. Gomez, D. H. J. Cockayne, P. B. Hirsch, and V. Vitek. Dissociation of near-screw dislocations in germanium and silicon[J]. Philos. Mag. 1975,31:105 ~ 113.

[27] P. E. Batson. Atomic and Electronic Structure of a Dissociated 60° Misfit Dislocation in Ge_xSi_{1-x}. Phys[J]. Rev. Lett. 1999, 83(21):4409 ~ 4412.

[28] A. T. Blumenau, R. Jones, et al.. Dislocations in diamond: Dissociation into partials and their glide motion[J]. Phys. Rev. B. 2003, 68:014115 - 1 ~ 014115 - 9.

[29] A. T. Blumenau, R. Jones, T. Frauenheim. The 60° dislocation in diamond and its dissociation[J]. J. Phys. :Condes. Matter. 2003, 15:2951 ~ 2960.

[30] H. Koizumi, Y. Kamimura, T. Suzuki. Core structure of a screw dislocation in a diamond-like structure[J]. Philos. Mag. A. 2000, 80(3):609 ~ 620.

[31] A. T. Blumenau, M. I. Heggie, C. J. Fall, R. Jones and T. Frauenheim. Dislocation in diamond: Core structures and energies[J]. Phys. Rev. B. 2002, 65:205205 - 1 ~ 205205 - 8.

[32] 杨立军，孟庆元，李根，李成祥，果立成. Si 晶体中螺位错滑移特性的分子动力学[J]. 吉林大学学报(理学版). 2007, 45(2):259 ~ 264.

[33] C. X. Li, Q. Y. Meng, G. Li and L. J. Yang. AtomisticSimulation of the 60° Dislocation Mobility in Silicon Crystal[J]. Superlattices and Microstructures. 2006, 40: 113 ~ 118.

[34] C. X. Li, Q. Y. Meng, K. Y. Zhong, C. Y. Wang. Computer Simulation of the 60° Dislocation Interaction with Vacancy Clusters in Silicon[J]. Phys. Rev. B. 2008, 77: 045211 - 1 ~ 045211 - 5.

[35] A. T. Blumenau, J. F. Justo, et al.. Parameter-free modelling of dislocation motion: the

case of silicon[J]. Philos. Mag. A. 2001, 81(5):1257 ~ 1281.

[36] V. V. Bulatov, S. Yip, and A. S. Argon. Atomic modes of dislocation mobility in silicon. Philos[J]. Mag. A. 1995, 72(2):453 ~ 496.

[37] R. W. Nunes, J. Bennetto and D. Vanderbilt. Atomic structure of dislocation kinks in silicon[J]. Phys. Rev. B. 1998, 57(17):10388 ~ 10397.

[38] J. R. K. Bigger, D. A. McInnes, A. P. Sutton, M. C. Payne, I. Stich, R. D. King-Smith, D. M. Bird, and L. J. Clarke. Atomic and electronic structures of the 90° partial dislocation in silicon[J]. Phys. Rev. Lett. 1992,69(15):2224 ~ 2227.

[39] L. B. Hansen, K. Stokbro, B. I. Lundquist, K. W. Jacobsen, and D. M. Deaven. Nature of dislocation in silicon[J]. Phys. Rev. Lett. 1995,75:4444 ~ 4447.

[40] J. Bennetto, R. W. Nunes, and D. Vanderbilt. Period-doubled structure for the 90° partial dislocation in silicon[J]. Phys. Rev. Lett. 1997,79:245 ~ 248.

[41] P. Hohenberg and W. Kohn. Inhomogeneous electron gas[J]. Phys. Rew. B. 1964, 136:864 ~ 871.

[42] W. Kohn and L. J. Sham. Self-Consistent Equations Including Exchange and Correlation Effects[J]. Phys. Rev. 1965, 140:A1133 ~ A1138.

[43] J. P. Perdew, K. Burke, and M. Ernzerhof. Generalized Gradient Approximation Made Simple[J]. Phys. Rev. Lett. 1996, 77:3865 ~ 3868.

[44] D. R. Hamann, M. Schluter and C. Chiang. Norn-conserving pseudopotentials. Phys. Rev. Lett. 1982, 43:1494 ~ 1497.

[45] F. Z. Bloch. Uber die quantenmechanik der electronen in kristallgittern. Z[J]. Phys. 1928, 52:555 ~ 600.

[46] C. W. Gear. Numerical Initial Value Problems in Ordinary Differential Equations[J]. Englewood Cliffs, NJ, Prentice-Hall. 1971, 1:72 ~ 80.

[47] L. Verlet. Computer 'Experiments' on Classical Fluids. I. Thermodynamical Properties of Lennard-Jones Molecules[J]. Phys. Rev. 1967, 159:98 ~ 103.

[48] W. R. Hockney. The Potential Calculation and Some Applications[J]. Methods in Computational Physics. 1970, 9:136 ~ 211.

[49] F. H. Stillinger and T. A. Weber. Computer Simulation of Local Order in Condensed Phases of Silicon[J]. Phys. Rev. B. 1985, 31:5262 ~ 5271.

[50] J. Tersoff. Modeling solid-state chemistry: Interatomic potenial for multicomponent systems [J]. Phys. Rev. B. 1989, 39:5566 ~ 5568.

[51] J. F. Justo, Martin Z. Bazant, Efthimios Kaxiras, V. V. Bulatov, Sidney Yip, and et al.. Interratomic poterntial for silicon defects and disordered phases[J]. Phys. Rev. B. 1998, 58(5):2539 ~ 2550.

[52] H. C. Andersen. Molecular dynamics at constant pressure and/or temperature. J. Chem [J]. Phys. 1980, 72:2384 ~ 2393.

[53] M. Parrinello and A. Rahman. Polymorphic transitions in single crystals: a new molecular dynamics method[J]. J. Appl. Phys. 1981, 52(12):7182 ~ 7190.

[54] L. R. Pratt. States in high dimensional problems. J. Chem[J]. Phys. 1986, 85:5045 ~

5048.

[55] G. Mills, H. Jonsson. Quantum and thermal effects in H_2 dissociative adsorption: Evaluation of free energy barriers in multidimensional quantum systems[J]. Phys. Rev. Lett. 1994, 72:1124 ~ 1127.

[56] G. Henkelman and H. Jonsson. Improved tangent estimate in the nudged elastic band method for finding minimum energy paths and saddle points. J. Chem[J]. Phys. 2000, 113:9978 ~ 9985.

[57] W. Cai, V. V. Bulatov, J. P. Chang, J. Li and S. Yip. Anisotropic elastic interactions of a periodic dislocation array[J]. Phys. Rev. Lett. 2001, 86(25):5727 ~ 5730.

[58] M. S. Duesbery, B. Joos and D. J. Michel. Dislocation core studies in empirical silicon models[J]. Phys. Rev. B. 1991, 43:5143 ~ 5146.

[59] S. S. Quek, Y. Xiang, Y. W. Zhang, D. J. Srolovitz, C. Lu. Level set simulation of dislocation dynamics in thin films[J]. Acta Mater. 2006, 54:2371 ~ 2381.

[60] G. Vanderschaeve, D. Caillard. On the mobility of dislocations in semiconductor crystals [J]. Mater. Sci. Eng. A. 2007, 462:418 ~ 421.

[61] V. V. Bulatov, J. F. Justoz, W. Cai, S. Yip, A. S. Argon, T. Lenosky, M. D. Koning, T. D. Rubia. Parameter-free modeling of dislocation motion: the case of silicon. Philos[J]. Mag. A. 2001, 81(5):1257 ~ 1281.

[62] N. Oyama and T. Ohno. Migration processes of the 30° partial dislocation in silicon[J]. Phys. Rev. Let. 2004, 93(19):195502-1 ~ 195502-4.

[63] Y. M. Huang, J. C. H. Spence and O. F. Sankey. Dislocation kink motion in silicon [J]. Phys. Rev. Lett. 1995, 74(17):3392 ~ 3395.

[64] J. P. Chang, W. Cai, V. V. Bulatov and S. Yip. Molecular dynamics simulations of motion of edge and screw dislocations in a metal[J]. Comput Mater Sci. 2002, 23:111 ~ 115.

[65] H. R. Kolar, J. C. H. Spence and H. Alexander. Observation of Moving of Dislocation Kinks and Unpinning[J]. Phys. Rev. Lett. 1996, 77(19):4031 ~ 4034.

[66] P. B. Hirsch. Dislocations in semiconductors[J]. Mater. Sci. Technol. 1985, 1(9):666 ~ 667.

[67] Y. Yamashita, K. Maeda, K. Fujita, N. Usami, K. Suzuki, S. Fukatsu, Y. Mera and Y. Shitaki. Dislocation Glide Motion in Hetero-Eptaxial Thin Films of $Si_{1-x}Ge_x$/Si(100) [J]. Philos. Mag. Lett. 1993, 67(3):165 ~ 171.

[68] P. B. Hirsch. Recent results on the structure of dislocation in tetrahedrally coordinated semiconductors[J]. J. Phys. Paris. 1979, 40:C6 - 27 ~ C6 - 32.

[69] T. M. Schmidt, J. T. Arantes and A. Fazzio. First principles calculations of As impurities in the presence of a 90° partial dislocation in Si[J]. Brazilian Journal of Physics. 2006, 36(2A):261 ~ 263.

[70] G. Savini, M. I. Heggie, S. Oberg and P. R. Briddon. Electrical activity and migration of 90° partial dislocation in SiC[J]. New Journal of Physics. 2007, 6:1 ~ 13.

[71] A. Valladares and A. P. Sutton. First principles simulations of kink defects on the SP 90°

partial dislocation in silicon[J]. Progress in Materials Science. 2007, 52:421 ~ 463.

[72] K. Lin and D. C. Chrzan. Boundary conditions for dislocation core structure studies: application to the 90° partial dislocation in silicon[J]. Mater. Sci. Eng. A. 2001, 319-321:115 ~ 118.

[73] R. W. Nunes, J. Bennetto and D. Vanderbilt. Core reconstruction of the 90° partial dislocation in nonpolar semiconductors [J]. Phys. Rev. B. 1998, 58 (19): 12563 ~ 12566.

[74] A. Valladares and A. P. Sutton. The equilibrium structures of the 90° partial dislocation in silicon. J[J]. Phys.: Condens. Matter. 2005, 17:7547 ~ 7559.

[75] A. Valladares, A. K. Petford-Long, and A. P. Sutton. The core reconstruction of the 90° partial dislocation in silicon[J]. Philos. Mag. Lett. 1999, 79(1):9 ~ 17.

[76] J. Spence and C. Koch. Experimental evidence for dislocation core structure in silicon. Scripta Materialia. 2001, 45:1273 ~ 1278.

[77] J. M. Soler, E. Artacho, J. D. Gale, A. García, J. Junquera, P. Ordejón, and D. Sánchez-Portal. The SIESTA method for ab initio order-N materials simulation[J]. J. Phys.: Condens. Matter. 2002,14:2745 ~ 2779

[78] A. Valladares, J. A. White and A. P. Sutton. First principles simulation of the structure, formation, and migration energies of kinks on the 90° partial dislocation in silicon[J]. Phys. Rev. Lett. 1998, 81(22):4903 ~ 4906

[79] H. Gottschalk, N. Hiller, S. Sauerland, P. Specht and H. Alexander. Constricted dislocation and their use for TEM measurements of the velocities of edge and 60° dislocaiton in silicom[J]. Phys. Stat. Sol. A. 1993, 138:547 ~ 555

[80] R. W. Nunes and D. Vanderbilt. Models of core reconstruction for the 90° partial dislocation in semiconductors. J[J]. Phys.: Condens. Matter. 2000, 12:10021 ~ 10027.

[81] R. W. Nunes, J. Bennetto and D. Vanderbilt. Structure, barriers, and relaxation mechanics of kinks in the 90° partial dislocation in silicon[J]. Phys. Rev. Lett. 1996, 77:1516 ~ 1519.

[82] H. Gottschalk, N. Hiller, S. Sauerland, P. Specht and H. Alexander. Constricted dislocation and their use for TEM measurements of the velocities of edge and 60° dislocaiton in silicom[J]. Phys. Stat. Sol. A. 1993, 138:547 ~ 555.

[83] B. Ya. Farberet al., Barriers for the kink motion on dislocation in Si[J]. Phys. Status Solidi (a). 1993, 138:557 ~ 571.

[84] M. Heggie and R. Jones. Solitons and the electrical and mobility properties of dislocations in silicon[J]. Phil. Mag. B 1983, 48: 365 ~ 377.

[85] P. B. Hirsch. The structure and electrical properties of dislocations in semiconductors[J]. J. Microscopy. 1980, 118: 3 ~ 12.

[86] M. Heggie and R. Jones. Calculation of the localized electronic states associated with static and moving dislocation in silicon[J]. Philos. Mag. B 1983, 48: 379 ~ 390.

[87] Chao-ying wang, Qing-yuan Meng, Kang-you Zhong, and Zhi-fu Ying. Atomic simulations of the dynamic properties of the 30° partial dislocation in Si crystal[J]. Phy. Rev. B.

2008, 77: 205209.

[88] M. Myronov and Y. Shiraki. Strain relaxation and surface morphology of ultrathin high Ge content SiGe buffers grown on Si(001) substrate[J]. Jpn. J. Appl. Phys., Part 1. 2007, 46(2):721 ~ 725.

[89] S. Dannefaer, P. Mascher and D. Kerr. Monovacancy formation enthalpy in silicon[J]. Phys. Rev. Lett. 1986, 56(20): 2195 ~ 2198.

[90] A. F. Wright. Density-functional-theory calculations for the silicon vacancy[J]. Phys. Rev. B. 2006, 74:165116 - 1 ~ 165116 - 8.

[91] F. EI-Mellouhi, N. Mousseau and P. Ordejon. Sampling the diffusion paths of a neutral vacancy in silicon with quantum mechanical calculations[J]. Phys. Rev. B. 2004, 70: 205202 - 1 ~ 205202 - 9.

[92] M. I. J. Probert and M. C. Payne. Improving the convergence of defect calculations in supercells: An ab initio study of the neutral silicon vacancy[J]. Phys. Rev. B. 2003, 67:075204 - 1 ~ 075204 - 11.

[93] J. Lento and R. M. Nieminen. Non-local screened-exchange calculations for defects in semiconductors: vacancy in silicon[J]. Phys.: Condens. Matter. 2003, 15:4387 ~ 4395.

[94] P. A. Schultz. Theory of defect levels and the "Band gap problem" in silicon. Phys. Rev. Lett. 2006, 96: 246401 - 1 ~ 246401 - 4.

[95] H. Balamane, T. Halicioglu and W. A. Tiller. Comparative study of silicon empirical interatomic potentials[J]. Phys. Rev. B. 1992, 46:2250 ~ 2279.

[96] G. D. Watkins and J. W. Corbett. Defects in irradiated silicom: electron paramagnetic resonance of the divacancy[J]. Phys. Rev. 1965, 138: A543 ~ A555.

[97] Y. Nagai, K. Inoue, Z. Tang, I. Yonenaga, T. Chiba, M. Saito and M. Hasegawa. Jahn-Teller distortion of neutral divacancy in Si studied by positron annihilation spectroscopy[J]. Physica B. 2003, 340 - 342:518 ~ 522.

[98] J. - I. Iwata, K. Shiraishi and A. Oshiyama. Large-scale density-functional calculations on silicon divacancies[J]. Phys. Rev. B. 2008, 77:115208 - 1 ~ 115208 - 8.

[99] R. R. Wixom and A. F. Wright. Formation energies, binding energies, structure, and electronic transitions of Si divacancies studied by density functional calculations[J]. Phys. Rev. B. 2006, 74:205208 - 1 ~ 205208 - 6.

[100] S. Öğüt and J. R. Chelikowsky. Ab initio investigation of point defects in bulk Si and Ge using a cluster method[J]. Phys. Rev. B. 2001, 64:245206 - 1 ~ 245206 - 11.

[101] M. Saito and A. Oshiyama. Resonant bonds in symmetry-lowering distortion around a Si divacancy[J]. Phys. Rev. Lett. 1995, 73:866 ~ 869.

[102] D. J. Chadi and K. J. Chang. Magic numbers for vacancy aggregation in crystalline Si [J]. Phys. Rev. B. 1988, 38:1523 ~ 1525.

[103] D. V. Makhov and L. J. Lewis. Stable fourfold configuration for small vacancy clusters in silicon form ab initio calculations[J]. Phys. Rev. Lett. 2004, 92:255504 - 1 ~ 255504 - 4.

[104] T. Akiyama and A. Oshiyama. First-principles study of Hydrogen incorporation in

multivacancy in silicon[J]. Phys. Soc. Jpn. 2001, 70:1627 ~1634.

[105] T. E. M. Staab, A. Sieck, M. Haugk, M. J. Puska, Th. Frauenheim and H. S. Leipner. Stability of large vacancy clusters in silicon[J]. Phys. Rev. B. 2002, 65: 115210-1 ~115210-1.

[106] J. Godet, L. Pizzagalli, S. Brochard and P. Beauchamp. Comparison between classical potentials and ab initio methods for silicon under large shear[J]. Phys.: Condens. Matter. 2003, 15:6943 ~6953.

[107] J. M. Soler, E. Artacho, J. D. Gale, A. García, J. Junquera, P. Ordejón, and D. Sánchez-Portal. The SIESTA method for ab initio order-N materials simulation[J]. Phys.: Condens. Matter. 2002,14:2745 ~2779.

[108] L. Kleinman and D. M. Bylander. Efficacious form for model pseudopotentials[J]. Phys. Rev. Lett. 1982,48:1425 ~1428.

[109] H. J. Monkhorst, J, D, Pack. Special points for Brillouin-zone integrations[J]. Phys. Rev. B. 1976, 13:5188 ~5192

[110] C. Kittel. Introduction to Solid State Physics[M]. Wiley, 1986.

[111] O. Gunnarsson, O. Jepsen, and O. K. Andersen. Self-consistent impurity calculations in the atomic-spheres approximation[J]. Phys. Rev. B. 1983,27:7144 ~7168.

[112] M. Scheffler, J. P. Vigneron, and G. B. Bachelet. Total-energy gradients and lattice distortions at point defects in semiconductors[J]. Phys. Rev. B. 1985,31:6541 ~6551.

[113] E. G. Song, E. Kim, Y. H. Lee and Y. G. Hwang. Fully relaxed point defects in crystalline silicon[J]. Phys. Rev. B. 1993, 48:1486 ~1489.

[114] S. W. Lee, H. C. Chen, L. J. Chen, Y. H. Peng, C. H. Kuan and H. H. Cheng. Effects of low-temperature Si buffer layer thickness on the growth of SiGe by molecular beam epitaxy[J]. J. Appl. Phys. 2002, 92:6880 ~6885.

[115] E. A. Stach, R. Hull, J. C. Bean, K. S. Jones and A. Nejim. In Situ studies of the interaction of dislocation with point defects during annealing of ion implanted Si/SiGe/Si (001) heterostructures[J]. Microsc. Microanal. 1998, 4: 294 ~307.

[116] J. F. Justo, M. de Koning, W. Cai and V. V. Bulatov. Vacancy interaction with dislocation in silicom: The shuffle-glide competiton[J]. Phys. Rev. Lett. 2000, 84: 2172 ~2175.

[117] M. M. de Araujo, J. F. Justo and R. W. Nunes. Ineracion of dislocation with vacancies in silicon: Electronic effects. Appl[J]. Phys. Lett. 2007, 90:222106 -1 ~222106 -3.

[118] Q. Y. Meng and Q. S. Wang. Molecular dynamics simulation of annihilation of 60° dislocations in Si crystal[J]. Phys. Stat. Solid. B. 2009, 246(2):372 ~375.